惯性基导航智能信息处理技术

申 冲 著

電子工業出版社
Publishing House of Electronics Industry
北京 · BEIJING

内 容 简 介

组合导航是近代导航理论和技术发展的结果。惯性导航系统具备自主性强、短时精度高、全天时、全天候等优点，因此在大部分组合导航系统中得到了应用。其中，惯性基组合导航系统的信息处理是关键核心技术。在使用过程中，由于受器件自身原理、工作环境等影响，惯性基组合导航系统的输出信息存在误差，包括陀螺仪噪声、温度漂移、非连续观测等，这会严重降低系统的精度和鲁棒性，因此对惯性基组合导航系统的信息处理技术进行研究是十分必要的。

本书系统地介绍了典型惯性器件与惯性基组合导航系统、陀螺噪声分析与处理技术、陀螺温度漂移建模补偿技术、非连续观测组合导航模型与算法、基于惯性视觉的类脑导航技术等内容，所涉及的智能信息处理技术均配有仿真验证，可供从事导航相关专业的科研和工程人员参考阅读。

图书在版编目（CIP）数据

惯性基导航智能信息处理技术 / 申冲著．—北京：电子工业出版社，2019.10

ISBN 978-7-121-37276-6

Ⅰ．①惯…　Ⅱ．①申…　Ⅲ．①组合导航—导航系统—人工智能—信息处理—研究　Ⅳ．①TN967.2 ②TP18

中国版本图书馆 CIP 数据核字（2019）第 175155 号

责任编辑：刘志红（lzhmails@phei.com.cn）
印　　刷：北京捷迅佳彩印刷有限公司
装　　订：北京捷迅佳彩印刷有限公司
出版发行：电子工业出版社
　　　　　北京市海淀区万寿路 173 信箱　邮编　100036
开　　本：787×980　1/16　印张：10.5　字数：268.8 千字
版　　次：2019 年 10 月第 1 版
印　　次：2020 年 11 月第 2 次印刷
定　　价：98.00 元

凡所购买电子工业出版社图书有缺损问题，请向购买书店调换。若书店售缺，请与本社发行部联系，联系及邮购电话：（010）88254888，88258888。

质量投诉请发邮件至 zlts@phei.com.cn，盗版侵权举报请发邮件至 dbqq@phei.com.cn。

本书咨询联系方式：（010）88254479，lzhmails@phei.com.cn。

前　　言

基于惯性导航的组合导航系统能够为载体提供姿态、速度、位置等导航信息，目前已在海、陆、空等领域得到了广泛应用。惯性基组合导航系统是通过选择适当的算法将各子系统的信息进行融合，克服单个系统的缺点，使组合后的系统在满足成本要求的前提下，提高导航信息的可靠性、精度和完整性。因此，信息处理技术对整个组合导航系统的性能至关重要。在组合导航系统工作过程中，由于器件自身原理、工作环境等影响，惯性基组合导航系统的输出信息存在误差，包括陀螺仪噪声、温度漂移、非连续观测等，这会严重降低系统的精度和鲁棒性，因此惯性基组合导航系统的信息处理技术研究是十分必要的。著书过程中，我们总结了多年来在惯性基组合导航系统信息处理方面的技术经验，并在书中进行详细阐述，主要包括：典型惯性器件及系统的介绍；惯性器件的信息处理方法，如陀螺仪噪声分析与处理、陀螺温度漂移建模补偿；惯性基组合导航系统，如非连续观测组合导航模型与算法；还详细介绍了前沿研究热点，如基于惯性视觉的类脑导航技术等相关内容。

在著书过程中参考了部分兄弟院校的相关资料，并得到了东南大学陈熙源教授及中北大学仪器科学与动态测试教育部重点实验室多位教授的指导与帮助，在此一并表示感谢。

由于作者水平有限，书中难免存在不足之处，恳请广大读者批评指正。

申　冲

2019 年 9 月

前　言

[illegible]

在撰写过程中参考了部分国内外相关文献，[illegible]

由于作者水平有限，书中难免存在不足之处，恳请广大读者批评指正。

[illegible]

2019年[illegible]月

目　　录

第1章 绪论

随着社会经济的发展和人们生活水平的提高，越来越多的人选择汽车作为代步工具，从而导致公路交通系统变得越来越复杂和拥挤。交通拥挤延误时间、交通事故数量逐年上升、车辆尾气排放和能源消耗过大等问题也随之出现，给国民经济造成了巨大的损失，日渐成为科学研究和社会关注的焦点。

面对当今世界全球化、信息化的发展趋势，传统的交通技术和手段显然已不能解决日益严峻的交通问题。因此，在交通事业发展的这场变革中，智能交通系统（Intelligent Transportation System，ITS）成为交通事业发展的必然选择。通过将先进的通信技术、信息技术、传感技术、控制技术、计算机技术及系统综合技术有效地集成和应用，以新的方式将人、车、路之间的相互作用呈现出来，从而实现准确、实时、高效、节能和安全的目标。

随着传感器技术、通信技术、3S 技术（遥感技术、地理信息系统和全球定位系统）和计算机技术的不断发展，交通信息的采集经历了从人工采集到单一的磁性检测器交通信息采集，到多源交通信息采集的发展，同时，随着国内外对交通信息处理方法研究的深入，统计分析技术、人工智能技术、数据融合技术和并行计算技术等逐步被应用于交通信息的处理中，使交通信息的处理得到不断发展和革新，更加满足了 ITS 各子系统管理者和用户的需求。当前 ITS 的主要组成系统包括先进的交通信息服务系统（ATIS）、先进的交通管理系统（ATMS）、先进的公共交通系统（APTS）、先进的车辆控制系统（AVCS）、货运管理系统、电子收费系统和紧急求援系统等。其中，先进的交通信息服务系统和先进的交通管理系统是现今城市交通两大重要管理手段。ATIS 是建立在完善的信息网络基础上的，交通参与者通过安装在道路上、车上、换乘站、停车场及气象中心的传感器和传输设备，向交通信息中心提供各地的实时交通信息。ATIS 接收到这些信息并进行处理后，实时向交通参与者提供道路交通信息、公共交通信息、换乘信息、交通气象信息、停车场信息及与出行相关的其他信息，根据这些信息，出行者即可确定自己的出行方式。同时，在车辆上安装自动导航和定位系统，便可以通过该系统自动地帮助驾驶员选择行驶路线。ATMS 主要是供交通管理者使用，用于检测、管理和控制公路交通，在道路、驾驶员和车辆之间提供通信，它可以对道路系统中的交通环境、交通事故和气象状况等进行实时监控，依靠先进的车辆检测技术和计算机信息处理技术，获得有关交通状况的具体信息，并以此对交通进行控制，如发布道路管制信息、交通诱导信息及进行事故救援等。尽管 ITS 的研究和表现形式繁多，但其基本上由道路模块、车辆模块、通信模块，以及管理和控制中心模块四部分组成，各组成部分间关系如图 1-1 所示。

（1）管理和控制中心模块：依据采集到的车辆和道路信息对交通进行管理和规划，实现车辆跟踪、调度和管理，发布收费管理和服务信息，实现应急措施的安排和管理等工作。

（2）车辆模块：依据各种传感器采集到的信号，车辆模块可以计算出车辆的导航定位信息，从而保障车辆按调度命令或路径规划命令行驶。

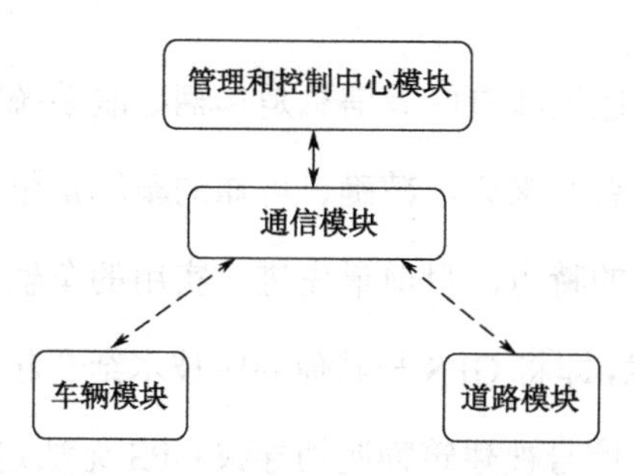

图 1-1　智能交通系统的组成部分

（3）道路模块：道路模块可以提供实时道路交通信息，实时监测道路交通状况，完成电子收费、车辆检测和管理等功能。

（4）通信模块：通信模块的作用是实现以上 3 个模块之间信息的传递和交互。

车辆模块作为智能交通系统的重要组成部分，其导航定位技术一直是许多科研工作者关注的重点。从上面的内容也可以看出，ITS 需要解决的一个首要问题就是定位，只有获得了精确的车辆位置信息才能进一步完成 ITS 的其他服务功能。因此，目前的智能交通系统以道路和车辆定位作为主要研究对象，以提高道路的通行能力。车辆导航定位系统的功能模块如图 1-2 所示。

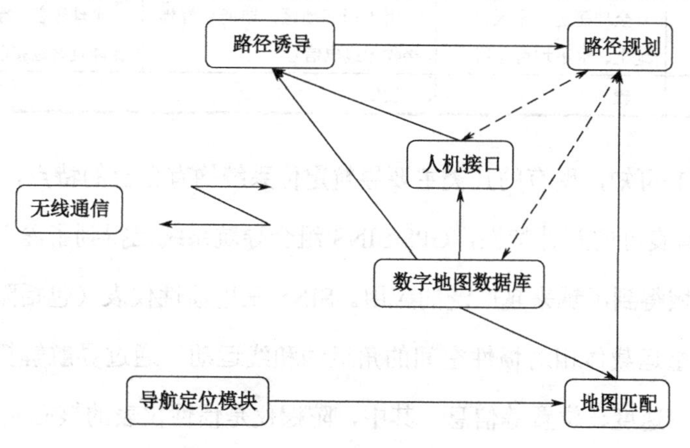

图 1-2　车辆导航定位系统的功能模块

提供车辆的位置、速度和航向等信息是车辆导航系统的首要功能。对任何性能良好的车辆导航定位系统来说，精确、可靠的车辆定位是实现导航功能的前提和基础。结合城市环境的特点，目前最先进、实用的车辆导航技术开发方向为基于 GPS 的组合导航技术，即将 GPS 与其他导航技术结合起来：当卫星信号可用时，利用 GPS 定位；当卫星信号被建筑物遮挡导致 GPS 无法定位时，可利用其他高精度定位技术进行定位。目前在各领域得到实际应用的几类主要导航系统的性能特点对比见表 1-1。

表 1-1 几类主要导航系统的性能特点对比

	惯性导航	无线电导航	GPS 等卫星导航
自主性	好（全自主）	差（依赖发射台）	差（依赖卫星）
精度水平	误差随时间积累	导航精度随距离增加而降低	精度高，不随时间、地点而改变
信息全面性	全面（可提供位置、速度、姿态信息）	不全面（一般只提供位置、速度信息）	
信息实时性与连续性	好	较差	
抗干扰能力	强	较弱	弱
使用特点	全球覆盖，全天候，地上、水下均可使用	用于局部地区，要能良好地接收无线电信号	全球覆盖，全天候，必须确保能良好地接收卫星信号
成本/价格	较高	较低	低

由表 1-1 可知，现有的几类主要导航定位系统均有自己的特点，而由于 GPS 与 SINS 具有良好的互补特性，GPS/SINS 组合导航系统已得到了深入研究，并在车辆导航领域得到了越来越广泛的应用。SINS 采用惯性仪表（包括陀螺仪和加速度计）来测量运载体相对惯性空间的角运动和线运动，通过导航解算可实时得到载体的姿态、速度、位置等信息。其中，陀螺仪是惯性仪表的核心元件，对 SINS 的性能有较大的影响，因此陀螺仪的选取对车辆导航定位精度有着至关重要的

影响。

不同的应用领域，对定位精度的要求是不同的，见表 1-2。

表 1-2　不同的应用领域对定位精度的要求

应用领域	精度要求/m
商业车辆管理和调度	100
自动车辆识别	30
自动语音报站	25～30
数据的采集	25
导航与路线引导	5～20
遗失车辆追踪	10
特殊车辆，如救护车、运钞车等管理和调度	10
公共安全	10
服务场所（如饭店、商场）的定位	10
防撞	1
交叉路口的检测	0.1

由表 1-2 可以看出，为了实现防撞和交叉路口检测等功能，高精度的车辆定位已经成为 ITS 技术发展的目标。为了实现高精度车辆定位，必须选取高精度陀螺仪作为惯性测量元件。自 20 世纪 60 年代以来，除了传统转子陀螺快速发展外，多类新型陀螺和相应的惯导系统也在不断发展，主要类型包括静电陀螺、挠性陀螺、谐振型陀螺、激光陀螺、光纤陀螺和微机电（Micro-Electro-Mechanical Systems，MEMS）陀螺等。其中，静电陀螺和激光陀螺精度较高，如静电陀螺在人造卫星的微重力与真空条件下，其精度水平可达到 10^{-11}（°）/h；激光陀螺捷联惯导系统早在 20 世纪 70 年代便在飞机和导弹上试验成功，其导航精度能够达到 1 852m/h。但是静电陀螺与激光陀螺的结构与制造工艺都比较复杂、成本较高，因此多用在潜艇、导弹、飞机等高价值载体上。挠性陀螺和谐振陀螺结构简单、成本低，易批量生产，但是由于精度较低，只能应用于一般场合的车辆导航定位。相比静电

陀螺和激光陀螺，光纤陀螺因轻小型、低功耗、长寿命、高可靠性和可批量化生产而具有自己的优势；相比挠性陀螺和谐振陀螺，光纤陀螺的精度较高，可应用于对导航定位精度要求较高的车辆导航中。因此，光纤陀螺在目前的大型无人车导航定位中扮演着极其重要的角色。此外，随着 MEMS 技术的发展，MEMS 陀螺的精度逐渐提高，如挪威 SENSONOR 公司生产制造的 STIM210 系列 MEMS 陀螺其零偏稳定性高达 0.5°/h，并且具备低成本、小体积、低功耗的特点，因此在某些应用场合完全可以替代光纤陀螺，具备广泛的应用前景，特别是在微小型无人平台领域，已经成为目前最主流的惯性导航定位手段。

第2章

典型惯性器件及系统简介

2.1 光纤陀螺

1976年，美国Utah大学的Vail和R. W. Shorthill成功研制了第一个光纤陀螺，这标志着光纤陀螺（第二代光学陀螺）的诞生（第一代为激光陀螺）。刚一问世，光纤陀螺就因为其灵活的结构和诱人的前景受到了世界范围内科研人员的重视，至今为止获得了很大进展。1990年后，光纤陀螺惯导系统逐步投入使用，并可进行批量生产。通过科研工作者们的不断努力，如今许多项关键技术问题已经得到完美解决，精度测量从以前的15°/h提高到了现在的0.001°/h的数量级。与其他陀螺比，FOG具有以下显著特点。

（1）结构简单，全固态结构，抗加速运动和耐冲击的能力较强。

（2）光纤线圈的设计增长了激光束的检测光路，提高了检测分辨率和灵敏度，同时有效解决了激光陀螺中存在的闭锁问题。

（3）不存在机械传动部件，无磨损，使用寿命长。

（4）相干光束传播时间短，可以瞬时启动。

（5）方便采用集成光路技术，信号稳定性较高，可实现数字输出，并且与计算机接口连接方便。

（6）动态范围较宽。

（7）可与激光陀螺共同使用，构成各种惯性导航系统的传感器，尤其是捷联式惯性导航系统的传感器。

从原理和结构的角度来看，光纤陀螺的类型主要包括干涉型光纤陀螺仪、谐振腔光纤陀螺仪、布里渊光纤陀螺仪、锁模光纤陀螺仪和法布里·珀罗光纤陀螺仪五种。从结构角度，可以分为开环光纤陀螺仪和闭环光纤陀螺仪两大类。从相位解调方式的角度，还可分为光外差式光纤陀螺仪、相位差偏置式光纤陀螺仪及延时调制式光纤陀螺仪。

从 20 世纪 90 年代开始，国外光纤陀螺逐步进入产业化发展阶段，可以实现批量生产。具有一定规模生产能力的光纤陀螺制造商主要在美国，其次为德国、法国等。美国诺斯罗普公司于 20 世纪 90 年代初建立了一条战术级组合惯导系统生产线，向不同需求用户供应了数万套光纤陀螺惯性系统产品及近万只光纤速率陀螺；美国霍尼韦尔公司最早将光纤陀螺用于商业航空领域，并为美国海军开发了潜艇惯导用高精度光纤陀螺，测试结果表明，光纤陀螺的 14 小时长期零偏稳定性（1σ）为 0.000 38°/h。美国 KVH 公司的开环光纤陀螺自 1987 年问世以来已大量用于车/船稳定系统、寻北仪等产品中，2019 年，KVH 公司将光子芯片技术整合到光纤陀螺仪产品中，其角度随机游走低于 0.009 7°/h，零偏稳定性为 0.02°/h。德国利铁夫公司主要生产闭环光纤陀螺，其单轴光纤陀螺在 2000 年前后就交付了数千只，其三轴一体配置的光纤陀螺也得到了广泛应用；法国光子 Ixsea 公司于 20

世纪 80 年代开始研制光纤陀螺，从 1986 年至 1999 年的十几年间，该公司在船用和空间应用领域已有大量应用；日本的日立电缆、三菱精密和日本航空电子工业公司是日本研制光纤陀螺的 3 家主要公司，其中日立电缆公司已售出的汽车导航用光纤陀螺已数以万计。我国从 20 世纪 80 年代初开始进行光纤陀螺研制。目前，国内 FOG 水平已经接近惯性导航系统的中精度要求。其中北京航空航天大学研制的中、低精度闭环光纤陀螺已经达到实用化阶段，其研制的掺饵光纤陀螺在实验室环境下零偏稳定性达到 0.01°/h。此外，航天 33 所、航空时代电子 13 所、航空 618 所、中国船舶 707 所、浙江大学、北京理工大学等单位也在光纤陀螺的研制上有一定突破。航天 16 所的 GXT-4B 单轴光钎陀螺仪如图 2-1 所示。

图 2-1　航天 16 所的 GXT-4B 单轴光纤陀螺仪

光纤陀螺惯性系统是采用光纤陀螺仪作为角运动测量仪表的各类捷联式惯性系统的统称。由于不同领域、不同运载体对光纤陀螺惯性系统产品的要求各有不同，因而存在多种不同类型的光纤陀螺惯性系统产品。根据所采用光纤陀螺与加速度计精度等级的不同，可以分为以下几类。

（1）低精度或战术级产品：一般陀螺精度为 10～0.1°/h（1σ）水平，加速度计精度为 10～3g（1σ）水平。

（2）中高精度或导航级产品：一般陀螺精度为 0.01°/h（1σ）水平，加速度计精度优于 10～4g（1σ）水平。

（3）精密级产品：一般陀螺精度为 0.003°/h（1σ）水平，加速度计精度优于 10～5g（1σ）水平。

国外的各类光纤陀螺惯性系统产品在航天、航空、舰船、车辆等领域均得到了广泛应用，主要包括以下几类。

（1）在导弹和火箭中的应用及典型产品。

美国诺斯罗普公司 LN-200 系列光纤陀螺惯性测量组合产品已成功应用于飞机、火箭、月球及火星探测器、无人机、潜艇等运载体，还广泛应用于导弹、坦克、姿态稳定系统等。LN-200 系列产品由 3 只光纤陀螺（精度约为 1°/h）、3 只硅微加速度计（精度约为 g）构成，可提供三维加速度与角速度信号。

（2）在航天器中的应用及典型产品。

美国霍尼韦尔公司研制的飞船导航和哈勃望远镜姿态稳定用的光纤陀螺精度为 0.000 38°/h（1σ）。利顿公司还研制了适合航天环境的漂移小于 0.000 5°/h（1σ）的 FOG2500 光纤陀螺，抗辐照为 100krad（Si），可靠性为 0.998（10 年寿命）。

（3）在航空器中的应用及典型产品。

德国利铁夫公司已生产了万余套 LCR-9X 系列机载光纤陀螺航向姿态参考系统，在多种类型飞机上进行了应用。LCR-92/93 的性能指标为：航向精度 1.0°（95%）、姿态精度 0.5°（95%）、角速率量程°/s。

（4）在舰船中的应用及典型产品。

法国 Ixsea 公司研制了船用惯导系统 PHINS，所用光纤陀螺精度为全温（−40℃～60℃）范围下 0.01°/h，常温下精度为 0.002°/h，纯惯性定位精度为 0.6 n mile/h。

（5）在陆地车辆中的应用及典型产品。

光纤陀螺在民用车辆中也得到越来越多的应用，如日本日立公司多年前就一直在批量生产价格较低廉的中低精度光纤陀螺导航产品用于普通民用轿车，主要用于自动稳定车辆的运行姿态及安全制动系统等方面，可大大提高车辆的乘坐舒适度和安全性。

（6）在速率传感等领域的应用及典型产品。

德国利铁夫公司从 1990 年开始研制 μFORS 系列单轴光纤陀螺，并用于速率传感领域，测量精度范围从 1°/h 到 36°/h 不等。利铁夫公司另一个速率传感器产品 FOG-200 在全温范围下的零偏误差约为 3°/h，标度因数精度约为 2 000ppm，功耗小于 5W，其高抗振性产品可在十分恶劣的振动环境中工作。

近年来，我国的惯性技术也得到迅速发展，目前在产品研制、生产等方面的技术已逐步走向成熟，并在海、陆、空、天各领域得到越来越广泛的应用。

概括而言，光纤陀螺惯性系统的特点主要有以下几点。

（1）光纤陀螺惯性系统具有高可靠性、长使用寿命、高稳定性等特点，可实现长期免标定、免维护的目标。

（2）光纤陀螺惯性系统质量、体积和功耗相对较小，可直接输出数字量，对外接口简单，不需要交流与高压电源信号。

（3）光纤陀螺惯性系统的角速度测量范围大（可达到 1 000°/s）、动态响应频带宽（可达到 200Hz 以上）、精度覆盖面广、启动速度快，适合在高动态及要求快速启动的场合使用。

（4）光纤陀螺惯性系统环境适应性好，中低精度产品通过软件补偿可解决高、低温环境对其精度的影响；较高精度的产品则可采取适当的温度控制措施；光纤陀螺惯性系统力学环境适应性好，对 2 000Hz 以内的振动可以做到基本无机械谐振点。

（5）光纤陀螺惯性系统无须精密的机械加工、高洁净度装配等环节，生产工艺相对简单，有利于实现产品的批量化、低成本生产。

随着军民领域对先进导航与制导系统要求的不断提高，对高性能惯性仪表及其系统的综合性要求也在日益提高。概括起来，光纤陀螺惯性系统的未来发展趋势主要有以下几个方面。

（1）向高精度、高可靠性、长使用寿命方向发展。

（2）向轻小型、集成化、全数字化方向发展。

（3）向惯性组合导航及多信息融合技术方向发展。

（4）向冗余、容错型惯性系统方向发展。

（5）向系列化、低成本、货架式、产业化方向发展。

以光纤陀螺惯性系统为代表的新一代固态惯性器件正在促进惯性技术走向新的未来，并将推动惯性技术在航空、航天、航海、车辆、工业生产乃至日常生活等各领域的应用。

2.2 MEMS 陀螺仪

20 世纪 80 年代后半期诞生的 MEMS 陀螺仪，具有成本低、重量小、工作寿命长、动态范围广、易于数字化、高度智能化等特点，并且具有很强的抗过载能力，适用于高转速的场合，易于集成安装到各种复杂的控制系统中，进而实现微机电一体化。MEMS 陀螺仪优良的性能决定了其用途广泛，MEMS 陀螺仪广泛应用于航天航空、汽车导航、汽车的防锁死刹车系统、炮弹/榴弹制导等领域，微机械陀螺分类如图 2-2 所示。

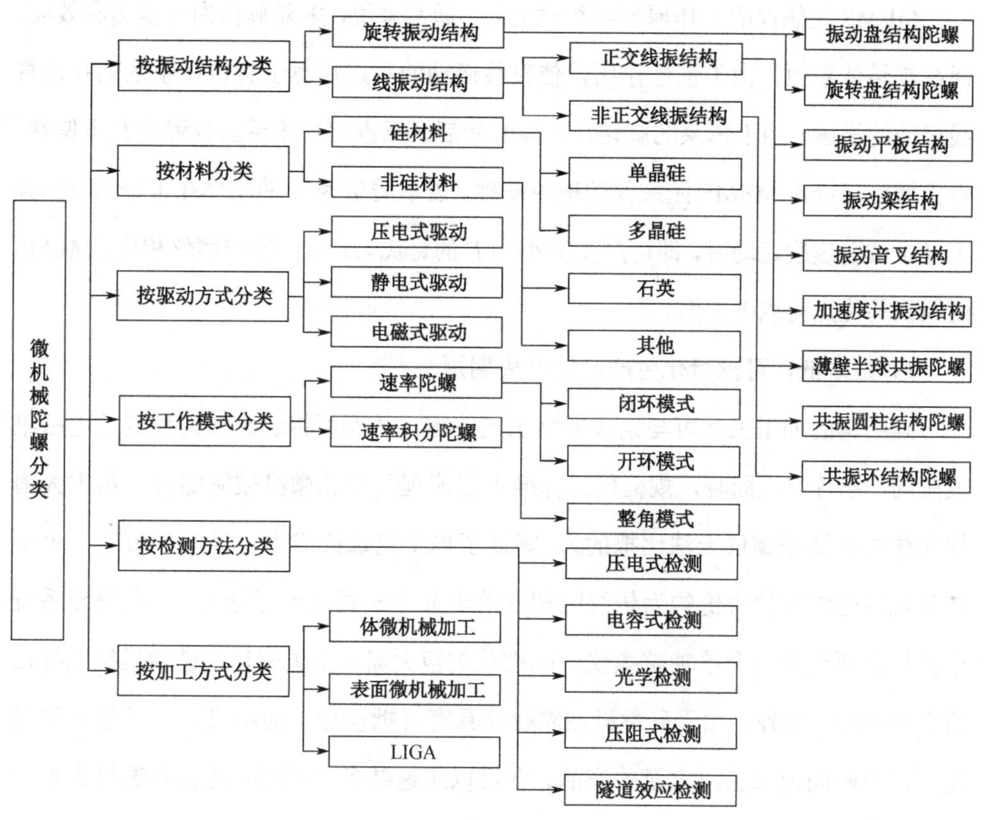

图 2-2　微机械陀螺分类

传统陀螺的基本工作原理是角动量守恒：当敏感元件振动于激励状态时，角速度与振动方向垂直，则元件开始以固有频率在另一方向振动，相位与角速度的方向相关，幅度与角速度成正比，即通过元件的振动即可得到陀螺的角速度。当陀螺按旋转轴的方向转动时，在没有外力作用下，它不会做任何改变。陀螺仪就是遵循这个原理的。当陀螺承受力时，便开始转动。速率可达每秒几万转，并且工作持续的时间长。之后通过各种数据交换通道将信号传给控制终端，控制系统解析得到当前方向，因此陀螺在航天航空等各领域均有重要应用。

MEMS陀螺仪的工作原理则相对复杂。通常来说，主要解释为科里奥利效应，即在旋转体系中，由于惯性作用，使直线运动的质点相对于旋转体系依然存在直线运动的描述。由于体系的旋转，一段时间后，质点相对体系的位置会发生偏移。哥氏效应理论是MEMS陀螺仪的理论基础，表示质量为m的物体在半径为r的圆上以ω的角速度运动时，即可产生大小为F的哥氏力。与传统陀螺仪相比，MEMS陀螺仪的优点有以下方面。

1）成本低，可批量化生产，生产周期短

硅结构的加工工艺可与集成电路工艺兼容，从而可将敏感结构和测控电路集成在同一芯片上。同时，规范化的标准工艺流程可使硅微机械陀螺仪产量大大增加（这是传统陀螺仪无法比拟的），降低了单个陀螺仪成本。目前，市场上单个硅微机械陀螺仪的售价约为传统陀螺仪的千分之一到几十万分之一，在惯导系统中往往需要至少三个单轴陀螺仪，陀螺仪的巨大需求量更能显示硅微机械陀螺仪的成本优势。此外，由于硅微机械陀螺仪具有可批量加工的特点，一旦形成型号便可在短时间内加工出大量的产品，并可以迅速装备，对国防建设有着极为重大的意义。

2）体积小，重量轻，低功耗

硅微机械陀螺仪的敏感结构由微机械加工而成，并且其测控电路也可由集成电路实现，使硅微机械陀螺仪具有体积小，重量轻，功耗低的特点。以AD（Analog Device）公司生产的硅微机械陀螺仪ADXRS150为例，其尺寸为7mm×7mm×3mm，功耗约为40mW。因此硅微机械陀螺仪更适用于对体积、重量、功耗有严格要求的场合。在实际应用中还可采用单片集成三轴微机械陀螺仪，进一步提升其在体积、重量和功耗方面的优势。此外，在惯导系统中可采用多个微陀螺或陀螺矩阵的冗余配置方案，以提高系统精度和可靠性。

3）可靠性高，使用寿命长，抗冲击性能好，动态性能好

由于硅微机械陀螺仪的结构中没有高速旋转的转子，因此可被视为是无机械磨损的固态装置，加之其结构可与电子线路集成，大大减少了外界干扰的不利影响，所以硅微机械陀螺仪具有高可靠性和长使用寿命。此外，由于结构的重量轻，硅材料亦具有很好的弹性，因此硅微机械陀螺结构具有惯性小、响应速度快、动态性能好、抗冲击能力强等优点，甚至可承受100 000g以上的冲击，这就使得硅微机械陀螺仪可以应用于对抗冲击性能和动态性能要求较高的环境中。

4）易于数字化和智能化

硅微机械陀螺仪测控电路可针对不同的惯导系统的特殊要求输出模拟信号、数字信号、频率信号等，还可与微处理器相结合，配合外围传感器和相关的算法，实现自标定、自检测、自补偿，提高环境自适应能力。

从1988年美国德雷柏（Draper）实验室研制出第一台硅微机械陀螺仪以来，随着新结构和测控方式方法的不断优化和改进，硅微机械陀螺仪的精度有了很大提升。韩国汉城国立大学2007年提出的微机械陀螺结构及测控系统如图2-3所示，其结构为单质量全解耦线振动形式。从电极的分布形式可知，该陀螺采用了推挽式驱动和差分检测方式，结构中的检测反馈电极可实现检测回路的闭环控制。

德国Bosch公司提出的微机械陀螺结构，芯片及测控系统如图2-4所示，其结构采用了音叉振动形式，左右质量块通过中间连接梁耦合。在测控系统方面，该陀螺仪采用了数字集成电路的形式，数字处理部分主要由驱动闭环回路、检测闭环回路（采用检测闭环控制方式）和输出补偿回路组成。

固定锚点
检测电极（-）
差分驱动电极（-）
差分驱动电极（+）
检测电极（+）
中心质量块
力平衡电极

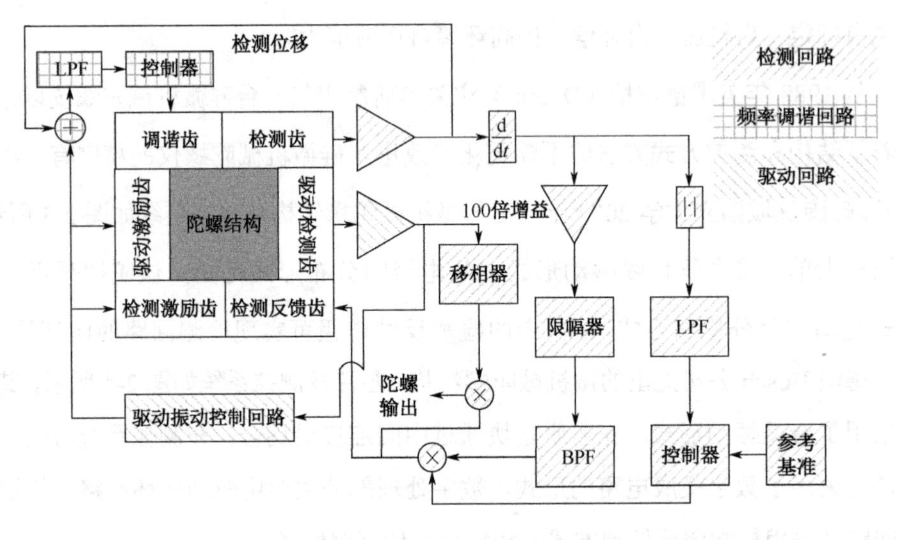

图 2-3　韩国汉城国立大学 2007 年提出的微机械陀螺结构及测控系统

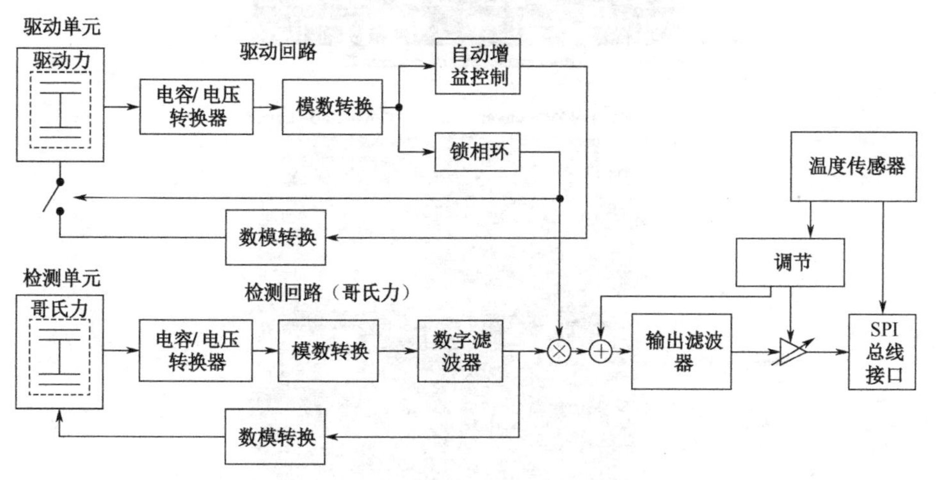

图 2-4　德国 Bosch 公司提出的微机械陀螺结构、芯片及测控系统

美国加州大学欧文（Irvine）分校提出的微机械陀螺结构及照片，如图 2-5 所示。为了减小机械热噪声，提高结构输出信号的信噪比，该结构采用了较高的真空度（在空气中基底机械热噪声约为 10°/h RMS，而在真空中该值提高到了 0.01°/h RMS）。

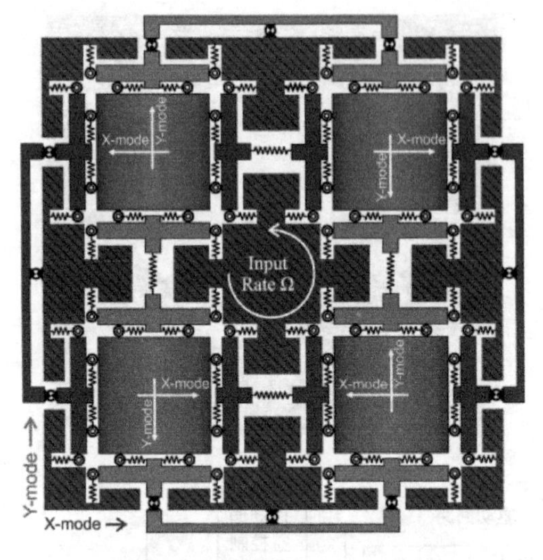

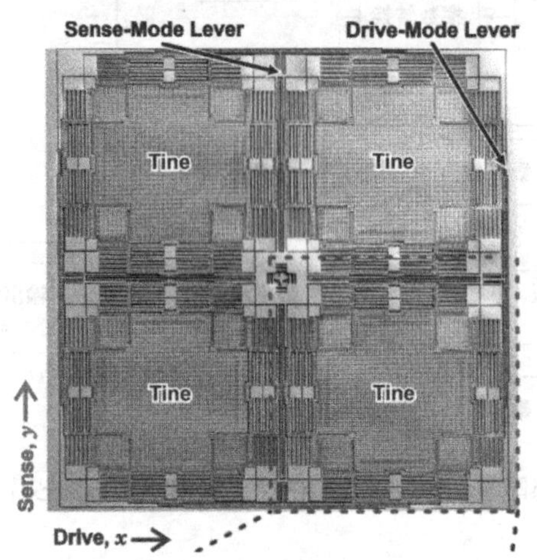

图 2-5　美国加州大学欧文（Irvine）分校提出的微机械陀螺结构及照片

2011 年，国防科技大学研制的蝶形陀螺结构及测控系统如图 2-6 所示。2013 年，在该结构的基础上，加入了正交校正电极，采用刚度校正的方法抑制正交误差，校正后的陀螺性能有了明显提升，在检测开环状态下，漂移趋势得到改善，零偏稳定性由 89°/h 提高到 17°/h，标度因数温度稳定性由 622ppm/℃下降到 231ppm/℃。

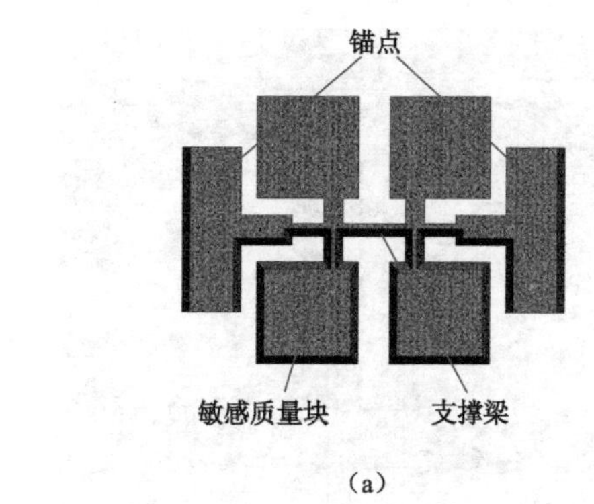

（a）

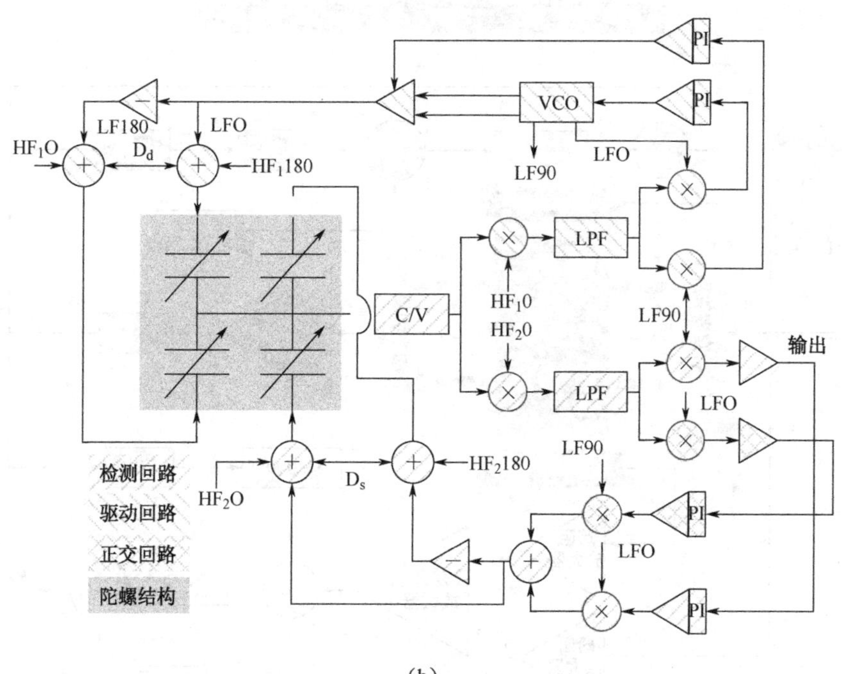

（b）

图 2-6　国防科技大学研制的蝶形陀螺结构及测控系统

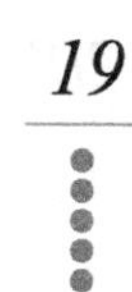

2013 年，南京理工大学提出的双质量线振动、双解耦结构及测控系统（见图 2-7）。体积为 15×15×3.5mm^3，封装内为真空，陀螺仪整体体积为 31×31×12mm^3，功耗为 288mW，标度因数非线性、对称性和重复性分别为 37ppm、184ppm 和 155ppm，零偏重复性为 12°/h，阈值和分辨率均为 0.008°/s。

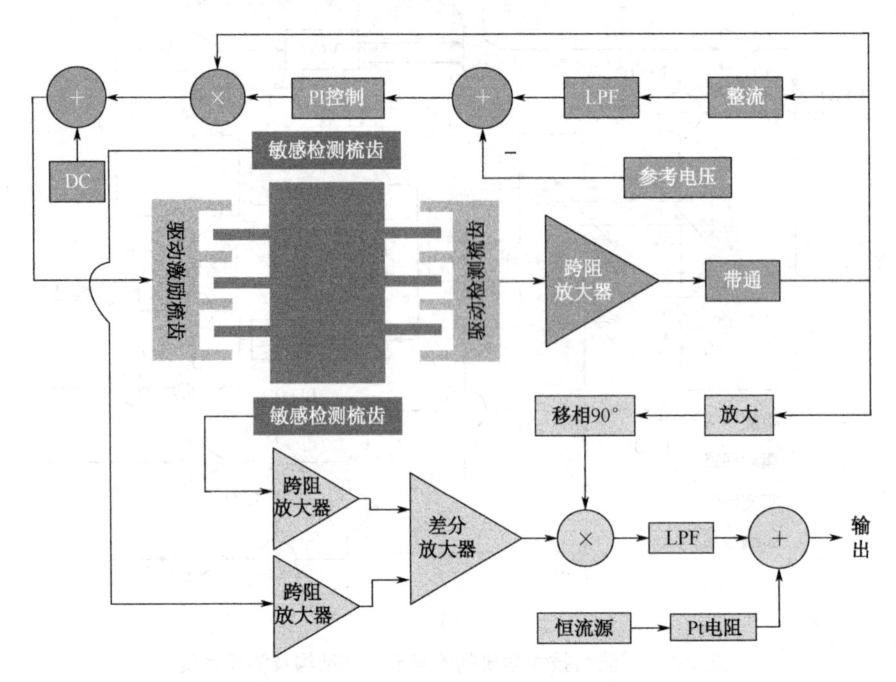

图 2-7　南京理工大学提出的双质量线振动、双解耦结构及测控系统

2014 年，东南大学提出的双质量陀螺结构及基于模拟电路的测控系统如图 2-8 所示，并基于 FPGA 和模拟电路分别设计了正交校正和检测闭环控制回路。

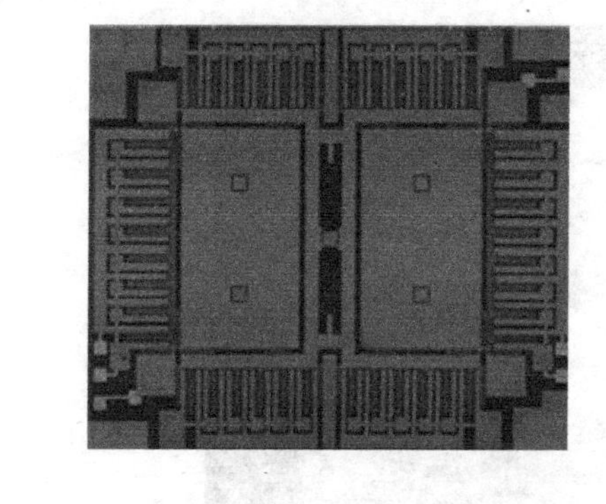

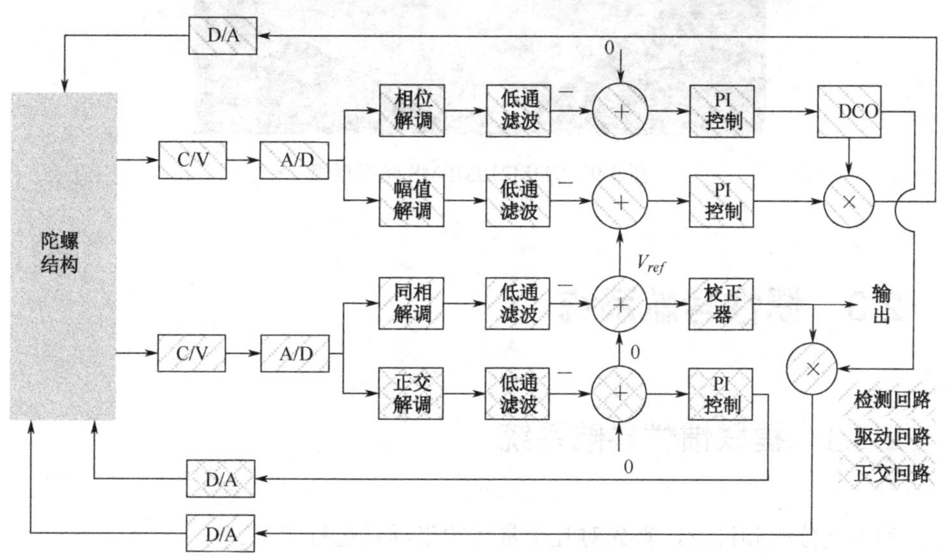

图 2-8　东南大学提出的双质量陀螺结构及基于模拟电路的测控系统

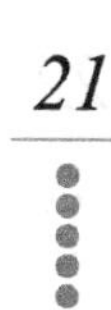

本书所使用的 STIM210 MEMS 陀螺模组如图 2-9 所示，是挪威 SENSONOR 公司推出的致力于高端应用领域的 MEMS 陀螺模组，采用微机械加工技术，具有精度高、重量轻、体积小等特点，同时具有极强的严酷环境耐受力及卓越的防震及抗冲击性能。STIM210 出厂前经过校准，并在全温范围内进行温度补偿，全工作范围内的零偏为 10°/h，零偏不稳定性为 0.5°/h。

图 2-9　STIM210MEMS 陀螺模组

2.3　惯性导航系统

2.3.1　捷联惯性导航系统

为方便分析和讨论，首先对几个常用的坐标系进行定义。

（1）地心惯性坐标系（i 系）：在不考虑地球公转运动，并忽略太阳系相对宇宙空间运动的情况下，以地心为坐标系原点，x_{i} 轴指向春分点，z_{i} 轴指向地球极轴，y_{i} 轴的指向与 x_{i}、z_{i} 轴构成右手系。

（2）地球坐标系（e 系）：原点位于地心，x_{e} 轴穿过本初子午线，z_{e} 轴指向地球极轴，y_{e} 轴方向由右手定则决定。该坐标系与地球固联，可以近似地认为该坐标系相对惯性坐标系以地球自转角速率旋转。

（3）地理坐标系（g 系）：原点为载体的质心，常见的地理坐标系有东北天坐标系和北东地坐标系两种，对应这两种坐标系，x_{g} 轴、y_{g} 和 z_{g} 轴的指向分别为载体所在地的东（参考椭球卯酉圈方向）、北（参考椭球子午圈方向）、天（由右手定则决定）和北（参考椭球子午圈方向）、东（参考椭球卯酉圈方向）、地（由右手定则决定）。

（4）载体坐标系（b 系）：跟载体固联的坐标系，原点位于载体的质心，x_b 轴、y_b 轴和 z_b 轴分别指向载体的右方、上方和前方。

（5）平台坐标系（p 系）：在惯性导航系统中，与惯导物理平台（平台系统）或数学平台（捷联系统）固连的右手直角坐标系称为平台坐标系，其坐标原点一般取运载体质心或惯导系统质心，各轴的取向与导航坐标系一致。惯导系统可借助 P 系来模拟导航坐标系。

2.3.2 惯性导航系统基本原理概述

牛顿第二定律奠定了光学陀螺仪的理论基础。牛顿第二定律是相对惯性坐标系对时间求取的变化率（绝对变化率），而惯性导航系统是要研究矢量在某一特定运动坐标系（如地理坐标系）上的投影对时间的变化率（相对变化率）。假设有一空间矢量 $\boldsymbol{X}$（如矢径、速度等），其量值与方向都随时间变化，$\frac{\mathrm{d}\boldsymbol{X}}{\mathrm{d}t}\big|_{\mathrm{i}}$ 和 $\frac{\mathrm{d}\boldsymbol{X}}{\mathrm{d}t}\big|_{\mathrm{r}}$ 可分别表示矢量 $\boldsymbol{X}$ 相对某定系和某动系的绝对变化率和相对变化率，假设该动系相对该定系的运动角速度为 $\boldsymbol{\omega}$，则绝对变化率与相对变化率的关系式可根据质点运动学方程推导得出：

$$\frac{\mathrm{d}\boldsymbol{X}}{\mathrm{d}t}\bigg|_{\mathrm{i}} = \frac{\mathrm{d}\boldsymbol{X}}{\mathrm{d}t}\bigg|_{\mathrm{r}} + \boldsymbol{\omega} \times \boldsymbol{X} \tag{2-1}$$

在惯性导航系统中研究载体运动时，通常要相对地球确定运载体的速度和位置，可取地球坐标系（e 系）为动系，地心惯性坐标系（i 系）为定系，则地球坐标系相对惯性坐标系的角速度为ω_{ie}（即地球转速）。假设地心到运载体质心的矢径为$\boldsymbol{R}$，根据式（2-1）有：

$$\left.\frac{\mathrm{d}\boldsymbol{R}}{\mathrm{d}t}\right|_{\mathrm{i}}=\left.\frac{\mathrm{d}\boldsymbol{R}}{\mathrm{d}t}\right|_{\mathrm{e}}+\omega_{\mathrm{ie}}\times\boldsymbol{R} \tag{2-2}$$

式（2-2）中，$\left.\frac{\mathrm{d}\boldsymbol{R}}{\mathrm{d}t}\right|_{\mathrm{e}}$为地球坐标系（动系）上观察到的运载体位置矢量的变化率，也是载体相对于地球的运动速度，记作$\boldsymbol{V}_{\mathrm{ep}}$。

再根据式（2-1）对式（2-2）两边求绝对变化率，并且相对变化率对 p 系求取：

$$\left.\frac{\mathrm{d}^2\boldsymbol{R}}{\mathrm{d}t^2}\right|_{\mathrm{i}}=\left.\frac{\mathrm{d}\boldsymbol{V}_{\mathrm{ep}}}{\mathrm{d}t}\right|_{\mathrm{p}}+\omega_{\mathrm{ip}}\times\boldsymbol{V}_{\mathrm{ep}}+\omega_{\mathrm{ie}}\times(\boldsymbol{V}_{\mathrm{ep}}+\omega_{\mathrm{ie}}\times\boldsymbol{R})+\left.\frac{\mathrm{d}\omega_{\mathrm{ie}}}{\mathrm{d}t}\right|_{\mathrm{i}}\times\boldsymbol{R} \tag{2-3}$$

由于$\omega_{\mathrm{ip}}=\omega_{\mathrm{ie}}+\omega_{\mathrm{ep}}$，且$\left.\frac{\mathrm{d}\omega_{\mathrm{ie}}}{\mathrm{d}t}\right|_{\mathrm{i}}=0$，所以上式可以写成：

$$\left.\frac{\mathrm{d}^2\boldsymbol{R}}{\mathrm{d}t^2}\right|_{\mathrm{i}}=\left.\frac{\mathrm{d}\boldsymbol{V}_{\mathrm{ep}}}{\mathrm{d}t}\right|_{\mathrm{p}}+(2\omega_{\mathrm{ie}}+\omega_{\mathrm{ep}})\times\boldsymbol{V}_{\mathrm{ep}}+\omega_{\mathrm{ie}}\times(\omega_{\mathrm{ie}}\times\boldsymbol{R}) \tag{2-4}$$

假设惯导系统中加速度计的敏感质量块的质量为m，质量m受到非引力外力F和地球引力mG的作用，G为引力加速度。根据牛顿第二定律$F+mG=m\left.\frac{\mathrm{d}^2\boldsymbol{R}}{\mathrm{d}t^2}\right|_{\mathrm{i}}$，即有：

$$\left.\frac{\mathrm{d}^2\boldsymbol{R}}{\mathrm{d}t^2}\right|_{\mathrm{i}}=f+G \tag{2-5}$$

式（2-5）中，$f=\frac{F}{m}$为单位质量上作用的非引力外力（即比力）。

将式（2-5）代入到式（2-4）中可得：

$$\left.\frac{\mathrm{d}\boldsymbol{V}_{\mathrm{ep}}}{\mathrm{d}t}\right|_{\mathrm{p}}=f-(2\omega_{\mathrm{ie}}+\omega_{\mathrm{ep}})\times\boldsymbol{V}_{\mathrm{ep}}+G-\omega_{\mathrm{ie}}\times(\omega_{\mathrm{ie}}\times\boldsymbol{R}) \tag{2-6}$$

式（2-6）中，$|\omega_{\text{ie}}\times\boldsymbol{R}|=\omega_{\text{ie}}R\sin(90^\circ-L)=\omega_{\text{ie}}R\cos L$；$|\omega_{\text{ie}}\times(\omega_{\text{ie}}\times\boldsymbol{R})|=\omega_{\text{ie}}\cdot(\omega_{\text{ie}}\boldsymbol{R}\cos L)$ $\sin 90^\circ=R\omega_{\text{ie}}^2\cos L$。其中 L 为地理垂线与赤道平面的夹角，即当地的地理纬度，简称为纬度。

由上可知，向心加速度 $a_c=\omega_{\text{ie}}\times(\omega_{\text{ie}}\times\boldsymbol{R})$，其大小为 $a_c=R\omega_{\text{ie}}^2\cos L$，方向指向地轴，则有：

$$g=G-a_c \tag{2-7}$$

因此，式（2-7）可以写成：

$$\left.\frac{\mathrm{d}\boldsymbol{V}_{\text{ep}}}{\mathrm{d}t}\right|_{\text{p}}=f-(2\omega_{\text{ie}}+\omega_{\text{ep}})\times\boldsymbol{V}_{\text{ep}}+g \tag{2-8}$$

式（2-8）即为比力方程，是惯导系统的基本方程。对比力方程的说明如下。

（1）$\left.\dfrac{\mathrm{d}\boldsymbol{V}_{\text{ep}}}{\mathrm{d}t}\right|_{\text{p}}$ 为在平台坐标系内观察到的载体的地速矢量 $\boldsymbol{V}_{\text{ep}}$ 的变化率，如果将式（2-8）向 p 系内投影，则比力方程可写成分量形式：

$$V_{\text{ep}}^{\text{p}}=f^{\text{p}}-(2\omega_{\text{ie}}^{\text{p}}+\omega_{\text{ep}}^{\text{p}})\times V_{\text{ep}}^{\text{p}}+g^{\text{p}} \tag{2-9}$$

式（2-9）中，$2\omega_{\text{ie}}^{\text{p}}+\omega_{\text{ep}}^{\text{p}}$ 为哥氏加速度项在 p 系的投影；$\omega_{\text{ie}}^{\text{p}}+\omega_{\text{ep}}^{\text{p}}$ 为离心加速度项在 p 系的投影；g^{p} 为重力加速度。

（2）f 是加速度计测量值，比力方程说明只有当补偿了比力中的哥氏加速度和离心加速度，并计算出重力加速度之后，才能通过积分获得运载体相对导航坐标系的运动速度。

2.3.3 捷联惯性系统的基本算法

2.3.3.1 坐标系的转换

在导航解算的过程中，经常涉及坐标系之间的相互变换，用于描述两个坐标系间关系的常见方法有方向余弦矩阵法和四元数法两种。

1）方向余弦矩阵法

两个坐标系之间任何复杂的角位置关系都可以看作经过有限次基本复合而成，姿态变换矩阵是基本旋转确定的变换矩阵连乘的结果。假设载体的姿态变化是依次绕航向轴、俯仰轴、横滚轴作基本旋转后的复合结果，如图 2-10 所示，可表示为如下过程：

$$O-X_nY_nZ_n \xrightarrow[\text{旋转}\psi]{\text{绕}-Z_n\text{组}} O-X_1Y_1Z_1 \xrightarrow[\text{旋转}\theta]{\text{绕}X_1\text{组}} O-X_2Y_2Z_2 \xrightarrow[\text{旋转}\gamma]{\text{绕}Y_1\text{组}} O-X_bY_bZ_b$$

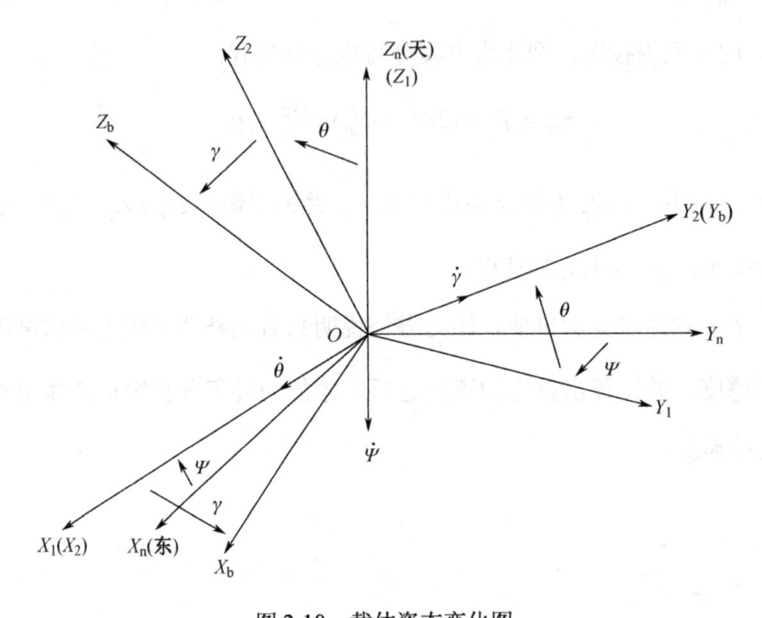

图 2-10 载体姿态变化图

则绕航向轴、俯仰轴、横滚轴做基本旋转所对应的变换矩阵为：

$$
\begin{aligned}
\boldsymbol{C}_{\mathrm{n}}^{1}&=\begin{bmatrix}\cos\Psi & -\sin\Psi & 0\\ \sin\Psi & \cos\Psi & 0\\ 0 & 0 & 1\end{bmatrix},\\
\boldsymbol{C}_{\mathrm{n}}^{2}&=\begin{bmatrix}1 & 0 & 0\\ 0 & \cos\theta & \sin\theta\\ 0 & -\sin\theta & \cos\theta\end{bmatrix},\\
\boldsymbol{C}_{2}^{\mathrm{b}}&=\begin{bmatrix}\cos\gamma & 0 & -\sin\gamma\\ 0 & 1 & 0\\ \sin\gamma & 0 & \cos\gamma\end{bmatrix}
\end{aligned}
\tag{2-10}
$$

这样从 $O-X_{\mathrm{n}}Y_{\mathrm{n}}Z_{\mathrm{n}}$ 系到 $O-X_{\mathrm{b}}Y_{\mathrm{b}}Z_{\mathrm{b}}$ 系的坐标转换矩阵可以表示为：

$$
\begin{aligned}
\boldsymbol{C}_{\mathrm{n}}^{\mathrm{b}}&=\boldsymbol{C}_{2}^{\mathrm{b}}\boldsymbol{C}_{1}^{2}\boldsymbol{C}_{\mathrm{n}}^{1}\\
&=\begin{bmatrix}\cos\gamma\cos\Psi+\sin\gamma\sin\Psi\sin\theta & -\cos\gamma\sin\Psi+\sin\gamma\cos\Psi\sin\theta & -\sin\gamma\cos\theta\\ \sin\Psi\cos\theta & \cos\Psi\cos\theta & \sin\theta\\ \sin\gamma\cos\Psi-\cos\gamma\sin\Psi\sin\theta & -\sin\gamma\sin\Psi-\cos\gamma\cos\Psi\sin\theta & \cos\gamma\cos\theta\end{bmatrix}
\end{aligned}
\tag{2-11}
$$

2）四元数法

四元数的定义如下所示：

$$
\boldsymbol{Q}=q_0+q_1i+q_2j+q_3k \tag{2-12}
$$

式（2-12）中，q_0 为四元数标量部分，后三项为四元数矢量部分。

用四元数来描述刚体绕定点的转动为：

$$
\boldsymbol{Q}=\cos\frac{\theta}{2}+\sin\frac{\theta}{2}\cos\alpha\cdot i+\sin\frac{\theta}{2}\cos\beta\cdot j+\sin\frac{\theta}{2}\cos\gamma\cdot k \tag{2-13}
$$

式（2-13）中，θ 为旋转角，$\cos\alpha$ 、$\cos\beta$ 和 $\cos\gamma$ 为瞬时转动轴与参考坐标系轴

之间的方向余弦值。这样，一个四元数就可以表示转轴的方向和转角的大小，而转动关系则可用下面的运算表示：

$$\boldsymbol{R}^{\mathrm{b}}=\boldsymbol{Q}\otimes\boldsymbol{R}^{\mathrm{n}}\otimes\boldsymbol{Q}^{*} \tag{2-14}$$

式（2-14）中，$\boldsymbol{Q}^{*}$为四元数$\boldsymbol{Q}$的共轭四元数。

根据四元数乘法运算，上式可分解为：

$$\boldsymbol{R}^{\mathrm{b}}=\begin{bmatrix} q_0^2+q_1^2-q_2^2-q_3^2 & 2(q_1q_2-q_0q_3) & 2(q_1q_3+q_0q_2) \\ 2(q_1q_2+q_0q_3) & q_0^2-q_1^2+q_2^2-q_3^2 & 2(q_2q_3-q_0q_1) \\ 2(q_1q_3-q_0q_2) & 2(q_2q_3+q_0q_1) & q_0^2-q_1^2-q_2^2+q_3^2 \end{bmatrix}\boldsymbol{R}^{\mathrm{n}} \tag{2-15}$$

也可得到两坐标系之间的姿态变换矩阵：

$$\boldsymbol{C}_{\mathrm{n}}^{\mathrm{b}}=\begin{bmatrix} q_0^2+q_1^2-q_2^2-q_3^2 & 2(q_1q_2-q_0q_3) & 2(q_1q_3+q_0q_2) \\ 2(q_1q_2+q_0q_3) & q_0^2-q_1^2+q_2^2-q_3^2 & 2(q_2q_3-q_0q_1) \\ 2(q_1q_3-q_0q_2) & 2(q_2q_3+q_0q_1) & q_0^2-q_1^2-q_2^2+q_3^2 \end{bmatrix} \tag{2-16}$$

从式（2-11）和式（2-16）可以看出，四元数法和方向余弦矩阵法都可以表示两坐标系之间的姿态变换矩阵，即两者都可以用于描述坐标系之间的变换。从本质上讲，这两者是等价的。

2.3.3.2 姿态解算的四元数算法

载体的姿态角可以由导航坐标系相对于载体坐标系的三次有序转动来确定。由载体坐标系 b 系到导航坐标系 n 系的坐标变换矩阵$\boldsymbol{C}_{\mathrm{n}}^{\mathrm{b}}$称为载体的姿态矩阵。由于载体的姿态在不断地改变，姿态矩阵的各元素是与时间相关的函数。姿态更新即根据惯性器件的实时输出解算出姿态矩阵，最后根据姿态矩阵与姿态角之间的关系可以确定各个姿态角。

为了求解姿态矩阵，根据刚体转动的理论，首先需要求解以下四元数微分方程：

$$\dot{\boldsymbol{Q}} = \frac{1}{2}\boldsymbol{M}^*(\omega_{\mathrm{b}})\boldsymbol{Q} \tag{2-17}$$

其中，

$$\boldsymbol{M}^*(\omega_{\mathrm{b}}) = \begin{bmatrix} 0 & -\omega_{\mathrm{nb}}^{\mathrm{bx}} & -\omega_{\mathrm{nb}}^{\mathrm{by}} & -\omega_{\mathrm{nb}}^{\mathrm{bz}} \\ \omega_{\mathrm{nb}}^{\mathrm{bx}} & 0 & \omega_{\mathrm{nb}}^{\mathrm{bz}} & -\omega_{\mathrm{nb}}^{\mathrm{by}} \\ \omega_{\mathrm{nb}}^{\mathrm{by}} & -\omega_{\mathrm{nb}}^{\mathrm{bz}} & 0 & \omega_{\mathrm{nb}}^{\mathrm{bx}} \\ \omega_{\mathrm{nb}}^{\mathrm{bz}} & \omega_{\mathrm{nb}}^{\mathrm{by}} & -\omega_{\mathrm{nb}}^{\mathrm{bz}} & 0 \end{bmatrix}, \quad \boldsymbol{Q} = \begin{bmatrix} q_0 \\ q_1 \\ q_2 \\ q_3 \end{bmatrix} \tag{2-18}$$

式（2-18）中，$\omega_{\mathrm{nb}}^{\mathrm{b}}$ 为载体坐标系相对导航坐标系的转动角速率在载体坐标系的投影，其值可由下式得到：

$$\omega_{\mathrm{nb}}^{\mathrm{b}} = \omega_{\mathrm{ib}}^{\mathrm{b}} - \boldsymbol{C}_{\mathbf{n}}^{\mathbf{b}}(\omega_{\mathrm{ie}}^{\mathrm{n}} + \omega_{\mathrm{en}}^{\mathrm{n}}) \tag{2-19}$$

式（2-19）中，$\omega_{\mathrm{ib}}^{\mathrm{b}}$ 为误差补偿之后的陀螺输出角速率；$\boldsymbol{C}_{\mathbf{n}}^{\mathbf{b}}$ 为姿态矩阵，是由姿态更新的最新值确定的；$\omega_{\mathrm{ie}}^{\mathrm{n}}$ 为地球自转角速率；$\omega_{\mathrm{en}}^{\mathrm{n}}$ 为导航坐标系相对于地球坐标系的角速率在导航坐标系中的投影。一般情况下，导航坐标系取地理坐标系，则 $\omega_{\mathrm{ie}}^{\mathrm{n}}$ 和 $\omega_{\mathrm{en}}^{\mathrm{n}}$ 又可分别表示为：

$$\omega_{\mathrm{ie}}^{\mathrm{n}} = \begin{bmatrix} 0 & \omega_{\mathrm{ie}}\cos L & \omega_{\mathrm{ie}}\sin L \end{bmatrix}^{\mathrm{T}} \tag{2-20}$$

$$\omega_{\mathrm{en}}^{\mathrm{n}} = \begin{bmatrix} -\dfrac{V_{\mathrm{N}}}{R_{\mathrm{n}}} & \dfrac{V_{\mathrm{E}}}{R_{\mathrm{e}}} & \dfrac{V_{\mathrm{E}}\tan L}{R_{\mathrm{e}}} \end{bmatrix}^{\mathrm{T}} \tag{2-21}$$

式（2-21）中，V_{N}、V_{E} 和 L 为根据测量元件的实时量测信息计算得到的北向速度、东向速度和纬度值；R_{n} 为子午圈曲率半径；R_{e} 为卯酉圈曲率半径。

在求解四元数微分方程时，采用毕卡求解法。根据微分方程的通解形式，四元数的递推公式如下所示：

$$\boldsymbol{Q}(t_{k+1})=\mathrm{e}^{\frac{1}{2}\int_{t_k}^{t_{k+1}}\mathbf{M}^*(\omega_{\mathrm{nb}}^{\mathrm{b}})\mathrm{d}t}\cdot\boldsymbol{Q}(t_k) \tag{2-22}$$

此时，令

$$\Delta\boldsymbol{\Theta}=\int_{t_k}^{t_{k+1}}\boldsymbol{M}^*(\omega_{\mathrm{nb}}^{\mathrm{b}})\mathrm{d}t\approx\begin{bmatrix}0 & -\Delta\theta_x & -\Delta\theta_y & -\Delta\theta_z\\ \Delta\theta_x & 0 & \Delta\theta_z & -\Delta\theta_y\\ \Delta\theta_y & -\Delta\theta_z & 0 & \Delta\theta_x\\ \Delta\theta_z & \Delta\theta_y & -\Delta\theta_x & 0\end{bmatrix} \tag{2-23}$$

式（2-23）中，$\Delta\theta_x$、$\Delta\theta_y$ 和 $\Delta\theta_z$ 分别为载体坐标系 x 轴、y 轴和 z 轴方向上的陀螺在 t_k 到 t_{k+1} 采样时间间隔内的角增量。

对式（2-22）进行泰勒展开后可以得到：

$$\boldsymbol{Q}(t_{k+1})=\mathrm{e}^{\frac{1}{2}\Delta\Theta}\cdot\boldsymbol{Q}(t_k)=\left[I+\frac{\frac{1}{2}\Delta\Theta}{1!}+\frac{\frac{1}{2}(\Delta\Theta)^2}{2!}+\cdots\right]\boldsymbol{Q}(t_k) \tag{2-24}$$

由于：

$$\begin{aligned}\Delta\boldsymbol{\Theta}^2&=\begin{bmatrix}0 & -\Delta\theta_x & -\Delta\theta_y & -\Delta\theta_z\\ \Delta\theta_x & 0 & \Delta\theta_z & -\Delta\theta_y\\ \Delta\theta_y & -\Delta\theta_z & 0 & \Delta\theta_x\\ \Delta\theta_z & \Delta\theta_y & -\Delta\theta_x & 0\end{bmatrix}\begin{bmatrix}0 & -\Delta\theta_x & -\Delta\theta_y & -\Delta\theta_z\\ \Delta\theta_x & 0 & \Delta\theta_z & -\Delta\theta_y\\ \Delta\theta_y & -\Delta\theta_z & 0 & \Delta\theta_x\\ \Delta\theta_z & \Delta\theta_y & -\Delta\theta_x & 0\end{bmatrix}\\ &=\begin{bmatrix}-\Delta\theta^2 & & & \\ & -\Delta\theta^2 & & \\ & & -\Delta\theta^2 & \\ & & & -\Delta\theta^2\end{bmatrix}-\Delta\theta^2\boldsymbol{I}\end{aligned} \tag{2-25}$$

则有：

$$
\begin{aligned}
\Delta\boldsymbol{\Theta}^3 &= -\Delta\theta^2\Delta\boldsymbol{\Theta} \\
\Delta\boldsymbol{\Theta}^4 &= \Delta\theta^4\boldsymbol{I} \\
\Delta\boldsymbol{\Theta}^5 &= \Delta\theta^4\Delta\boldsymbol{\Theta} \\
\Delta\boldsymbol{\Theta}^6 &= -\Delta\theta^6\boldsymbol{I}
\end{aligned} \tag{2-26}
$$

其中，

$$
\Delta\theta^2 = \Delta\theta_x^2 + \Delta\theta_y^2 + \Delta\theta_z^2 \tag{2-27}
$$

代入式（2-24），可以得到：

$$
\boldsymbol{Q}(t_{k+1}) = \left[\boldsymbol{I}\cos\frac{\Delta\theta}{2} + \Delta\boldsymbol{\Theta}\frac{\sin\frac{\Delta\theta}{2}}{\Delta\theta}\right]\boldsymbol{Q}(t_k) \tag{2-28}
$$

在实际解算时，会对 $\cos\frac{\Delta\theta}{2}$ 和 $\sin\frac{\Delta\theta}{2}$ 进行泰勒级数展开，并做截断近似处理。

此外，用于表征旋转的四元数应该是规范化的，但由于存在计算误差，迭代更新的过程中四元数会逐渐失去规范化特性，因此有必要周期性地对四元数进行规范化处理：

$$
q_i = \frac{\hat{q}_i^2}{\sqrt{\hat{q}_1^2 + \hat{q}_2^2 + \hat{q}_3^2 + \hat{q}_4^2}},\ i = 0,1,2,3 \tag{2-29}
$$

式（2-29）中，q_i 为规范化之后的四元数；$\hat{q}_i$ 为在四元数更新过程中得到的值。

在上一节中，由坐标系之间关系的四元数法推导过程可知，姿态矩阵可由经过规范化之后的姿态更新四元数确定，即式（2-16）。姿态角和姿态矩阵的关系可以根据方向余弦矩阵法推导得到，如下所示：

$$
\boldsymbol{C}_{\mathrm{n}}^{\mathrm{b}}=\begin{bmatrix}\cos\gamma\cos\varPsi+\sin\gamma\sin\varPsi\sin\theta & -\cos\gamma\sin\varPsi+\sin\gamma\cos\varPsi\sin\theta & -\sin\gamma\cos\theta \\ \sin\varPsi\cos\theta & \cos\varPsi\cos\theta & \sin\theta \\ \sin\gamma\cos\varPsi-\cos\gamma\sin\varPsi\sin\theta & -\sin\gamma\sin\varPsi-\cos\gamma\cos\varPsi\sin\theta & \cos\gamma\cos\theta\end{bmatrix} \tag{2-30}
$$

这样，可计算得到载体的纵摇角、横滚角和航向角：

$$
\begin{cases}\theta=\arctan(\dfrac{C_{23}}{\sqrt{C_{21}^2+C_{22}^2}}) \\ \gamma=\arctan(-\dfrac{C_{13}}{C_{33}}) \\ \varPsi=\arctan(\dfrac{C_{21}}{C_{22}})\end{cases} \tag{2-31}
$$

2.3.3.3 载体速度的解算

当导航坐标系取地理坐标系时，比力方程可以表示为：

$$
\dot{V}^{\mathrm{n}}=C_{\mathrm{b}}^{\mathrm{n}}f^{b}-(2\omega_{\mathrm{ie}}^{\mathrm{n}}+\omega_{\mathrm{en}}^{\mathrm{n}})\times V^{\mathrm{n}}+\boldsymbol{g}^{\mathrm{n}} \tag{2-32}
$$

式（2-32）中，f^{b}为加速度计的输出；$2\omega_{\mathrm{ie}}^{\mathrm{n}}\times V^{\mathrm{n}}$为载体相对于地球的运动和地球自身旋转所引起的哥氏加速度；$\omega_{\mathrm{en}}^{\mathrm{n}}\times V^{\mathrm{n}}$为牵连加速度，即载体为保持在地球表面而引起的向心加速度；$\boldsymbol{g}^{\mathrm{n}}$为加速度矢量。比力方程的分量形式可表示为：

$$
\begin{bmatrix}\dot{V}_{\mathrm{e}} \\ \dot{V}_{\mathrm{n}} \\ \dot{V}_{\mathrm{u}}\end{bmatrix}=\begin{bmatrix}f_{\mathrm{e}} \\ f_{\mathrm{n}} \\ f_{\mathrm{u}}\end{bmatrix}-\begin{bmatrix}0 & 2\omega_{\mathrm{ie}}\sin L+\dfrac{V_{\mathrm{e}}\tan L}{R_{\mathrm{e}}} & -(2\omega_{\mathrm{ie}}\cos L+\dfrac{V_{\mathrm{e}}}{R_{\mathrm{e}}}) \\ -(2\omega_{\mathrm{ie}}\sin L+\dfrac{V_{\mathrm{e}}\tan L}{R_{\mathrm{e}}}) & 0 & -\dfrac{V_{\mathrm{n}}}{R_{\mathrm{e}}} \\ 2\omega_{\mathrm{ie}}\sin L+\dfrac{V_{\mathrm{e}}\tan L}{R_{\mathrm{e}}} & \dfrac{V_{\mathrm{n}}}{R_{\mathrm{e}}} & 0\end{bmatrix} \times\begin{bmatrix}V_{\mathrm{e}} \\ V_{\mathrm{n}} \\ V_{\mathrm{u}}\end{bmatrix}+\begin{bmatrix}0 \\ 0 \\ -g\end{bmatrix} \tag{2-33}
$$

式（2-33）中，V_{e}、V_{n} 和 V_{u} 分别为东、北、天三方向的速度；R_{e} 是地球卯酉圈的曲率半径；ω_{ie} 是地球自转角速度；R_{n} 是地球子午面的曲率半径；$\omega_{\mathrm{en}}^{\mathrm{n}}$ 表示导航坐标系相对地球坐标系的角速度。在东北天坐标系中，ω_{ie} 和 $\omega_{\mathrm{en}}^{\mathrm{n}}$ 的分量形式可分别表示为：

$$\begin{bmatrix} \omega_{\mathrm{iee}} \\ \omega_{\mathrm{ien}} \\ \omega_{\mathrm{ieu}} \end{bmatrix} = \begin{bmatrix} 0 \\ \omega_{\mathrm{ie}} \cos L \\ \omega_{\mathrm{ie}} \sin L \end{bmatrix}, \begin{bmatrix} \omega_{\mathrm{ene}}^{\mathrm{n}} \\ \omega_{\mathrm{enn}}^{\mathrm{n}} \\ \omega_{\mathrm{enu}}^{\mathrm{n}} \end{bmatrix} = \begin{bmatrix} -\dfrac{V_{\mathrm{n}}}{R_{\mathrm{n}}+h} \\ \dfrac{V_{\mathrm{e}}}{R_{\mathrm{e}}+h} \\ \dfrac{V_{\mathrm{e}} \tan L}{R_{\mathrm{e}}+h} \end{bmatrix} \tag{2-34}$$

式（2-34）中，h 为载体高度。将上面计算得到的结果代入到比力方程中，求解微分方程，便可得到载体在导航坐标系下的三个方向的速度信息。

2.3.3.4 载体位置的解算

载体位置的经度、纬度和高度的微分方程可分别表示为：

$$\begin{cases} \dot{\lambda} = \dfrac{V_{\mathrm{e}}}{R_{\mathrm{e}}+h} \sec L \\ \dot{L} = \dfrac{V_{\mathrm{n}}}{R_{\mathrm{n}}+h} \\ \dot{h} = V_{\mathrm{u}} \end{cases} \tag{2-35}$$

对公式（2-35）进行积分，可得到经度、纬度和高度的更新公式：

$$\begin{cases} L = L(0) + \int \dot{L} \, \mathrm{d}t \\ \lambda = \lambda(0) + \int \dot{\lambda} \, \mathrm{d}t \\ h = h(0) + \int \dot{h} \, \mathrm{d}t \end{cases} \tag{2-36}$$

第3章 陀螺噪声分析与处理技术

3.1 陀螺噪声成分与 Allan 方差分析方法

3.1.1 陀螺噪声来源与特性分析

3.1.1.1 陀螺噪声来源及其对导航系统的影响

本章以光纤陀螺为例，对其噪声分析与处理技术进行介绍。

噪声是影响光纤陀螺输出精度的重要原因之一。在实际系统中，由于 Sagnac 效应非常微弱，并且构成光纤陀螺的各个部件都可能会产生噪声，且存在各种寄生效应，从而引起光纤陀螺的输出漂移和标度因数不稳定，最终影响光纤陀螺的性能。噪声来源主要有以下几个方面。

1）光源噪声

光源的波长变化、频谱分布变化和输出功率的波动等都会直接影响光干涉的效果。此外，发射状态会受到返回到光源的光的干扰，导致波长和发光强度产生一定的波动。

2）探测器噪声

探测器的作用是检测干涉效应。最主要的误差源包括探测器灵敏度、前置放大器噪声、散粒噪声和调制频率噪声。

3）光纤环噪声

光纤的克尔效应、瑞利后向散射效应、温度效应、双折射效应及法拉第效应等都会导致光纤环所传输的光信息发生变化，进而引起陀螺噪声，这也是光纤陀螺最大的噪声源。

4）光路器件噪声

光路器件噪声主要体现为定向耦合器的损耗及分束比偏差的变化引起的噪声。

5）其他噪声

比如环境噪声、电子噪声等。

光纤陀螺输出噪声主要是白噪声，通常用随机游走系数（Random Walk Coefficient，RWC）来表征，它反映了光纤陀螺输出的角速度积分（角度）随时间的不确定性（角度随机误差），其单位用 $(°)/\sqrt{\mathrm{h}}$ 表示，也可用等效旋转速率的标准偏差除以检测带宽的平方根（$\left[(°)/\sqrt{\mathrm{h}}\right]/\sqrt{\mathrm{Hz}}$）表示。其关系为：

$$1\left[(°)/\sqrt{h}\right]/\sqrt{\mathrm{Hz}}=\frac{1}{60}(°)/\sqrt{\mathrm{h}} \tag{3-1}$$

根据随机游走系数的定义可知，光纤陀螺角速度输出白噪声引起的惯性系统姿态角误差标准差 $\sigma_\theta(t)$ 与系统工作时间 t 之间的关系为：

$$\sigma_\theta(t)=\mathrm{RWC}\cdot\sqrt{t} \tag{3-2}$$

白噪声 $X(t)$ 对应的随机游走过程 $y(t)$ 的均值 $E[y(t)]$ 为：

$$E[y(t)]=E\left[\int_0^t x(\tau)\mathrm{d}\tau\right]=\int_0^t E[x(\tau)]\mathrm{d}\tau=0 \tag{3-3}$$

这表明，在系统应用中由光纤陀螺输出信号中的白噪声引起的惯性导航姿态角误差是一个非平稳的角随机游走过程，它的均值为 0，标准差为 $\mathrm{RWC}\cdot\sqrt{t}$。因为随机游走系数与检测带宽（或数据平滑周期）无关，故惯性导航系统（简称惯导系统）姿态角误差的标准差 $\sigma_\theta(t)$ 也与数据平滑周期无关。所以在惯导系统的算法中，通过对光纤陀螺数据进行平滑处理，原则上不能降低 $\sigma_\theta(t)$ 的值，即不能借此提高惯导系统的测量精度。

由于白噪声的相关时间较短，误差项会在短时间内起作用，因此对系统的短期过程影响较大，所以光纤陀螺噪声对惯性系统的初始姿态自对准过程、寻北仪的寻北过程及各类惯性姿态稳定回路的影响较大。例如，若随机游走系数 $\mathrm{RWC}=0.01(°)/\sqrt{\mathrm{h}}$，则由式（3-2）可以计算出不同工作时间所对应的的姿态角误差之间的关系，见表 3-1。可见，工作时间增加了 100 倍，而噪声引起的 $\sigma_\theta(t)$ 只增加了约 10 倍。

表 3-1　惯导系统工作时间与噪声引起的姿态角误差之间的关系

随机游走系数	工作时间 t/s	姿态角误差标准差 $\sigma_\theta(t)/('')$
$\mathrm{RWC}=0.01(°)/\sqrt{\mathrm{h}}$	60	4.65
	600	14.70
	6 000	46.48

噪声也会引起惯导的方位对准误差 $\Delta\psi_{\mathrm{RWC}}(t)$，并且对准误差角的大小与随机游走系数成正比，与对准时间 t 的平方根成反比，如式（3-4）所示。举例说明见表 3-2。

$$\Delta\psi_{\mathrm{RWC}}(t)=\frac{\mathrm{RWC}}{\omega_{ie}\cdot\cos L\cdot\sqrt{t}} \tag{3-4}$$

表 3-2 $L=45°$ 时光纤陀螺噪声引起的惯导初始对准航向角误差（"）

随机游走系数/$\left[(°)/\sqrt{\mathrm{h}}\right]$	对准时间 t / min									
	1	2	3	4	5	6	7	8	9	10
0.001	2.5	1.8	1.4	1.3	1.1	1.0	0.95	0.89	0.84	0.79
0.003	7.5	5.3	4.3	3.7	3.4	3.1	2.8	2.7	2.5	2.4

由光纤陀螺噪声引起的惯导系统定位误差如图 3-1 所示。

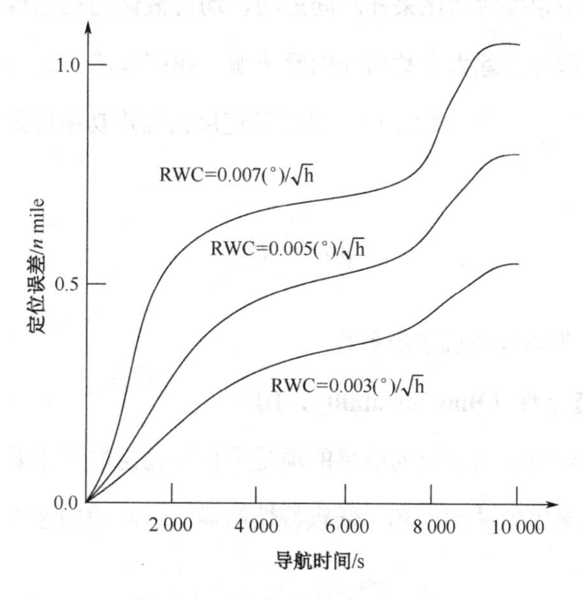

图 3-1 噪声与定位误差的关系

总之，随机游走系数是衡量光纤陀螺噪声水平的重要指标。要减小噪声对导航系统性能的影响，应主要从光纤陀螺本身的性能改进的角度出发，利用结构优化设计或现代信号处理方法降低光纤陀螺噪声。

3.1.1.2 噪声特性分析

1）角度随机游走（Angle Random Walk，ARW）

角度随机游走是积分宽带速率功率谱密度的结果，其主要来源包括光子的自发辐射、探测器的散粒噪声、电子器件热噪声、机械抖动和其他相关时间比采样时间短的高频噪声。角度随机游走一般带宽小于 10Hz，这在大部分姿态控制系统的带宽之内。所以，如果不能对角度随机游走进行精确确定，则它极有可能成为限制姿态控制系统的主要影响因素。

高频噪声项中相关时间比采样时间短的，均可被认为是陀螺角度随机游走。通过一定的设计即可消除大多数这样的噪声源。陀螺仪输出的白噪声谱可用来描述这些噪声项。当 N 为噪声幅度时，具有角速度白噪声功率谱是该随机过程的特征，即

$$S_{\Omega}(f)=N^2 \tag{3-5}$$

式（3-5）中，N 为角度随机游走系数。

2）零偏不稳定性（Bias Instability，BI）

电子或其他对随机闪烁较为敏感的项是零偏不稳定性的主要来源，主要由角速率数据中的低频零偏波动引起，低频特性明显。该噪声的速率功率谱函数可表示为：

$$S_{\Omega}(f)=\begin{cases}(\frac{B^2}{2\pi})\frac{1}{f}, f\leqslant f_0\\ 0,\ f>f_0\end{cases} \tag{3-6}$$

式（3-6）中，f_0 为截止频率；B 为零偏稳定性系数。

3）速率随机游走（Rate Random Walk，RRW）

宽带角加速度功率谱密度积分后形成了速率随机游走，其来源目前尚难确定。该误差可能是由于晶体振荡器的老化效应引起的，也可能是具有长相关时间的指数相关噪声的极限情况。相关的速率 PSD（Power Spectral Density，功率谱密度）为：

$$S_{\Omega}(f)=(\frac{K}{2\pi})^{2}\frac{1}{f^{2}} \tag{3-7}$$

式（3-7）中，K 为速率随机游走系数。

4）速率斜坡（Rate Ramp，RR）

本质上，速率斜坡不是随机噪声，而是一种确定性误差。它之所以可以在陀螺仪输入输出特性中呈现出来，可能是由于外界环境引起光纤陀螺温度变化，或者是由于光纤陀螺的光强在长时间内缓慢且单调的变化，从而表现为光纤陀螺的纯输入，可由下式表示：

$$\Omega=Rt \tag{3-8}$$

式（3-8）中，R 为速率斜坡系数。它的速率 PSD 为：

$$S_{\Omega}(f)=\frac{R^{2}}{(2\pi f)^{2}} \tag{3-9}$$

5）量化噪声（Quantization Noise，QN）

量化噪声是采样时由 A/D 转换造成的，代表传感器最低分辨率水平。其速率 PSD 为：

$$S_{\Omega}(f)\begin{cases}=\tau_0 Q^2\left[\dfrac{\sin^2(\pi f\tau_0)}{(\pi f\tau_0)^2}\right]\\ \approx\tau_0 Q^2,\ \ f<\dfrac{1}{2\tau_0}\end{cases} \tag{3-10}$$

式（3-10）中，Q 为量化噪声系数。

3.1.2 Allan 方差

一直以来，为了准确地求出各个噪声项的系数，人们对各种方法进行了研究，最常用的方法被称为 Allan 方差分析法。Allan 方差是一种时域分析技术，于 20 世纪 60 年代由美国国家标准局提出，最开始用于振子的频率稳定性研究。Allan 方差分析法可以对产生数据噪声的基本随机过程特性进行确定，是 IEEE 公认的陀螺仪输出参数分析的标准检测方法。Allan 方差分析法的特点是能够容易地、细致地表征和辨识各种误差源的统计特性。在仪器机械结构未知的情况下，只要建立正确的测试系统，便能找到可能存在于仪器内部的噪声源。Allan 方差既可以单独对数据进行分析，也可用对频域分析技术进行补充，可在任何仪器的噪声研究中进行应用。

在 Allan 方差分析法中，假设数据的不定性均是由特定特性的噪声源产生的，然后根据数据对每一个噪声源的协方差进行计算。假设有 N 个采样周期为 T 的陀螺仪输出数据，建立时间分别为 $T,2T,3T,\cdots,kT(k<N/2)$ 的数组，随后对每一个时间长度数组中的数据点之和求平均值。Allan 方差即可定义为时间组的函数。

具体来说，Allan 方差可以定义为输出速率 $\Omega(t)$，也可以定义为输出角度：

$$\theta(t)=\int_0^t \Omega(\tau)\,\mathrm{d}\tau \tag{3-11}$$

$t_{k+\tau}$ 与时间 t_k 之间的平均速率表示为：

$$\bar{\Omega}_t(t)=\frac{\theta_{k+m}-\theta_k}{t} \tag{3-12}$$

式（3-12）中，$t=mT$。

Allan 方差定义为：

$$\sigma^2(\tau)=\frac{1}{2}\left\langle(\bar{\Omega}_{k+m}-\bar{\Omega}_k)^2\right\rangle=\frac{1}{2\tau^2}\left\langle(\theta_{k+2m}-2\theta_{k+m}+\theta_k)^2\right\rangle \tag{3-13}$$

式（3-13）中，$\langle\ \rangle$ 表示总体平均值。对式（3-13）展开后可以得到：

$$\sigma^2(\tau)=\frac{1}{2\tau^2(N-2m)}\sum_{k=1}^{N-2m}(\theta_{k+2m}-2\theta_{k+m}+\theta_k)^2 \tag{3-14}$$

按照式（3-14），即可估算 Allan 方差。

功率谱密度和 Allan 方差的关系表示为：

$$\sigma^2(\tau)=4\int_0^{\infty}S_{\omega}(f)\frac{\sin^4(\pi f\tau)}{(\pi f\tau)^2}\mathrm{d}f \tag{3-15}$$

式（3-15）中，$S_{\omega}(f)$ 表示随机噪声 $\omega(t)$ 的功率谱密度。

需要注意的是，当通过传递函数为 $\sin^4(\pi ft)/(\pi ft)^2$ 的滤波器时，陀螺输出噪声与 Allan 方差总能量呈正比关系。上述特殊的传递函数是由于使用生成和操作数组方法造成的结果。一般情况下，滤波器带通取决于 τ，即检验不同类型随机过程可通过调节滤波器带通实现，可用不同的 τ 来检验。因此，Allan 方差提供了一种能够辨别且量化数据中存在的各种噪声项的方法。

将式（3-5）、式（3-6）、式（3-7）、式（3-8）和式（3-9）分别代入式（3-15）中，可得到不同噪声项的 Allan 方差。

角度随机游走的 Allan 方差为：

$$\sigma^2(\tau)=\frac{N^2}{\tau} \tag{3-16}$$

式（3-16）中，N 为角度随机游走，在 $\sigma(\tau)$ 对 τ 的对数图中，其曲线斜率为 $-\frac{1}{2}$。

零偏不稳定性的 Allan 方差为：

$$\sigma^2(\tau)=\frac{2B^2}{\pi}[\ln 2-\frac{\sin^3 x}{2x^2}(\sin x+4x\cos x)+C_i(2x)-C_i(4x)] \tag{3-17}$$

式（3-17）中，x 为 $\pi f_0 t$，C_i 为余弦积分函数，B 为零偏不稳定性系数。由该式可以看出，在对数曲线图中，该曲线是水平的，即斜率为 0。

速率随机游走的 Allan 方差为：

$$\sigma^2(\tau)=\frac{K^2\tau}{3} \tag{3-18}$$

式（3-18）中，K 为速率随机游走系数，在 $\sigma(\tau)$ 对 τ 的对数图中，其曲线的斜率为 $+\frac{1}{2}$。

速率斜坡的 Allan 方差为：

$$\sigma^2(\tau)=\frac{R^2\tau^2}{2} \tag{3-19}$$

式（3-19）中，R 为速率斜坡系数，在 $\sigma(\tau)$ 对 τ 的对数图中，其曲线的斜率为+1。

量化噪声的 Allan 方差为：

$$\sigma^2(\tau)=\frac{3Q^2}{\tau^2} \tag{3-20}$$

式（3-20）中，Q 为量化噪声系数，在 $\sigma(\tau)$ 对 τ 的对数图中，其曲线的斜率为−1。

一般来说，上述所有随机过程在陀螺输出中都有可能出现。图 3-2 所示是一个典型 Allan 方差图。在大多数情况下，测试表明不同的噪声项将出现在不同的τ域，因此数据中的不同随机过程容易辨别。假设现存随机过程具有统计上的独立性，则在任意给出的τ域中，Allan 方差均表现为该τ域中的不同随机过程导致的 Allan 方差之和，即：

$$\sigma_{\text{tot}}^2(\tau)=\tau_{\text{ARW}}^2(\tau)+\tau_{\text{quant}}^2(\tau)+\tau_{\text{BiasInst}}^2(\tau)+\cdots \tag{3-21}$$

假设误差源具有统计独立性，则 Allan 方差可用一种或几种噪声误差源的平方和来表示：

$$\sigma^2(\tau)=\frac{R^2\tau^2}{2}+\frac{K^2\tau}{3}+B^2[\frac{2}{\pi}]\ln 2+\frac{N^2}{\tau}+\frac{3Q^2}{\tau^2}+\cdots \tag{3-22}$$

将上式简化即可得到：

$$\sigma^2(\tau)=\sum_{n=-2}^{2}C_n\tau^n \tag{3-23}$$

式（3-23）中，$\tau=nT$，T为采样周期。

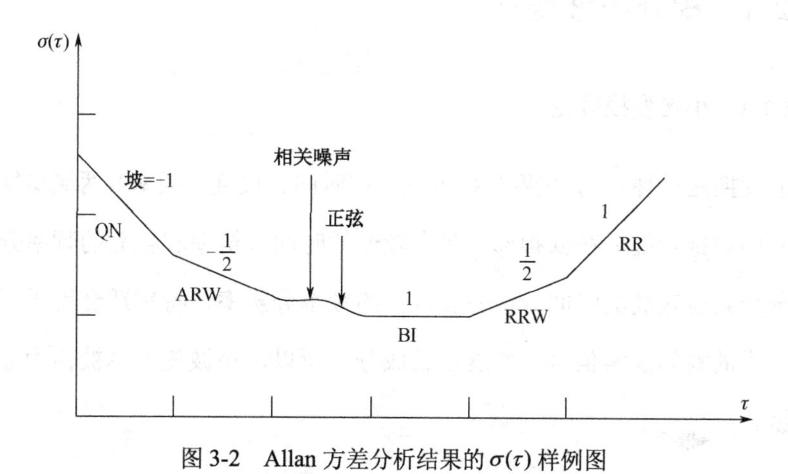

图 3-2　Allan 方差分析结果的$\sigma(\tau)$样例图

对比式（3-22）和式（3-23）可以得到：

$$\begin{cases} N = \dfrac{\sqrt{C_{-1}}}{60}(°)/\sqrt{\text{h}} \\ B = \dfrac{\sqrt{C_0}}{0.664}(°)/\text{h} \\ K = 60\sqrt{3C_1}(°)/\text{h}^{3/2} \\ R = 3\,600\sqrt{2C_2}(°)/\text{h}^2 \\ Q = \dfrac{10^6\pi\sqrt{C_{-2}}}{180\times 3\,600\times\sqrt{3}}(\mu\text{rad}) \end{cases} \tag{3-24}$$

3.2 光纤陀螺信号去噪算法

光纤陀螺噪声是一种由非确定性的随机性干扰引起的随时间变化的信号，很难用建模的方法进行补偿。本节中采用信号滤波的方式来抑制光纤陀螺噪声，以此达到获取精确光纤陀螺输出信号的目的。

3.2.1 提升小波变换

3.2.1.1 小波变换理论

小波变换是一种时间-尺度分析方法，在时间、尺度（频率）两域均能够有效表征信号的局部特征，在低频部分具有较低的时间分辨率和较高的频率分辨率，在高频部分具有较高的时间分辨率和较低的频率分辨率，特别适合用于探测正常信号中夹带的瞬间反常信号，并展示其成分。所以，小波变换也被称为分析信号的显微镜。

所谓小波是指由一个母小波或基本小波$\psi(t)$经过伸缩和平移后获得的一个小波序列，$\psi(t)\in L^2(R)$，$L^2(R)$表示平方可积的实数空间，即能量有限信号空间，其傅里叶变换为$\hat{\psi}(\omega)$。$\hat{\psi}(\omega)$满足以下容许条件：

$$C_\psi=\int_{-\infty}^{+\infty}\frac{\left|\hat{\psi}(\omega)\right|^2}{|\omega|}\mathrm{d}\omega<\infty \tag{3-25}$$

在连续情况下，小波序列为：

$$\psi_{a,b}(t)=\frac{1}{\sqrt{|a|}}\psi\left(\frac{t-b}{a}\right),\ a、b\in \boldsymbol{R},\ a\neq 0 \tag{3-26}$$

假设$x(t)$是平方可积函数，记作$x(t)\in L^2(R)$，$\psi(t)$是被称为基本小波或母小波(mother wavelet)的函数，有：

$$(W_\psi f)(a,b)=\frac{1}{\sqrt{a}}\int_{-\infty}^{+\infty}x(t)\overline{\psi\left(\frac{t-b}{a}\right)}\mathrm{d}t,\ a>0 \tag{3-27}$$

式（3-27）中，$\overline{\psi\left(\frac{t-b}{a}\right)}$表示对$\psi\left(\frac{t-b}{a}\right)$做共轭运算。式（3-27）称为$x(t)$的连续小波变换（CWT）。

在实际应用中，尤其是在上位机实现时，连续小波必须实现离散化，则相应的离散小波变换为：

$$(W_\psi f)(a,b)=|a_0|^{-m/2}\int_{-\infty}^{+\infty}x(t)\overline{\psi(a_0^{-m}t-nb_0)}\mathrm{d}t \tag{3-28}$$

若取$a_0=2$，$b_0=2$，则可以得到二进小波：

$$\psi_{m,n}(t)=2^{-m/2}\psi(2^{-m}t-n),\ m、n\in Z \tag{3-29}$$

3.2.1.2 提升小波变换

Wim Sweldens 于 1994 年提出了一种新的小波构造方法，被称为提升方案（Lifting Scheme），也称为提升小波变换或第二代小波变换。

提升小波变换方法有以下特点。

（1）保留了第一代小波变换本身具有的多分辨率等特性。

（2）它不依赖于傅里叶变换，能够在时域内完成小波变换。

（3）变换后的系数可以为整数。

（4）进行图像处理时，图像恢复的质量与变换时边界所采用的延拓方式没有直接关系。

提升小波变换是基于对第一代小波变换进行提升实现的，与第一代小波相比，提升小波具有以下优点。

（1）算法简单，速度较快，适合于并行处理。

（2）对内存的需求量较少，便于利用 DSP 芯片实现。

（3）可用本位操作进行运算，能够实现任意大小图像的小波变换。

小波提升是一种构造紧支集双正交小波的方法，基于提升方案的第二代小波的提升过程有以下 3 个步骤。

1）分裂

分裂是将原始信号 $s_j=\left\{s_{j,k}\right\}$ 分为两个互不相交的子集，每一个子集的长度均缩小为原子集的一半。通常情况下，是将一个数列分裂为奇数序列 o_{j-1} 和偶数序列 e_{j-1}，即：

$$\text{Split}(s_j)=(e_{j-1},o_{j-1}) \tag{3-30}$$

式（3-30）中，$e_{j-1}=\left\{e_{j-1,k}=s_{j,2k}\right\}$，$o_{j-1}=\left\{o_{j-1,k}=o_{j,2k+1}\right\}$。

2）预测

预测是利用奇数序列与偶数序列之间的相关性，通过其中一个序列（一般是偶序列 e_{j-1} ）来预测另一个序列（一般是奇序列 o_{j-1} ）。两者之间的近似程度或逼近程度由实际值 o_{j-1} 与预测值 $P(e_{j-1})$ 的差值 d_{j-1} 来反映，称之为细节系数或小波系数，对应于原信号 s_j 中的高频部分。一般情况下，数据的相关性越强，则小波系数的幅值越小。如果预测是合理的，那么差值数据集 d_{j-1} 所包含的信息要远少于原始子集 o_{j-1} 包含的信息。预测过程如下：

$$d_{j-1} = o_{j-1} - P(e_{j-1}) \tag{3-31}$$

式（3-31）中，预测算子 P 可通过预测函数 P_k 来表示，函数 P_k 可取 e_{j-1} 中的对应数据本身：

$$P_k(e_{j-1},k) = e_{j-1},k = s_{j,2k} \tag{3-32}$$

也可取 e_{j-1} 中对应的相邻数据的平均值：

$$P_k(e_{j-1}) = (e_{j-1},k + e_{j-1,k+1})/2 = (s_{j,2k} + s_{j,2k+1})/2 \tag{3-33}$$

或者取其他更复杂的函数。

3）更新

通过分裂产生子集的某些整体特征（如均值）与原始数据可能并不完全一致，为了保持这些原始数据的整体特征，需要一个更新的过程。更新过程可以用算子 U 来代替，其过程表示如下：

$$s_{j-1} = e_{j-1} + U(d_{j-1}) \tag{3-34}$$

式（3-34）中，s_{j-1}为s_j的低频部分。和预测函数相同，更新算子可以取为不同的函数，如：

$$U_k(d_{j-1})=d_{j-1,k}/2 \tag{3-35}$$

或者：

$$U_k(d_{j-1})=(d_{j-1,k-1}+d_{j-1,k})/4+1/2 \tag{3-36}$$

P与U取不同的函数，可构造出不同的小波变换。

通过小波提升之后，信号s_j可分解为低频部分和高频部分，而低频数据子集s_{j-1}可以再次重复分裂、预测和更新，把s_{j-1}进一步分解成d_{j-2}和s_{j-2}，如此，经过n次分解后，原始数据s_j的小波可以表示为$\left\{s_{j-n},d_{j-n},d_{j-n+1},\cdots,d_{j-1}\right\}$。其中$s_{j-n}$表示信号的低频部分，而$\left\{d_{j-n},d_{j-n+1},\cdots,d_{j-1}\right\}$则是信号从低到高的高频部分系列。

每一次分解都对应重复上面提升的3个步骤，即分裂、预测和更新：

$$\text{Split}(s_j)=(e_{j-1},o_{j-1}),\ d_{j-1}=o_{j-1}-P(e_{j-1}),\ s_{j-1}=e_{j-1}+U(d_{j-1}) \tag{3-37}$$

小波提升是一个完全可逆的过程，其逆变换的步骤如下：

$$e_{j-1}=s_{j-1}-U(d_{j-1}),o_{j-1}=d_{j-1}+P(e_{j-1}),s_j=\text{Merge}(e_{j-1},o_{j-1}) \tag{3-38}$$

用提升方法进行小波分解和重构的示意图如图3-3所示。

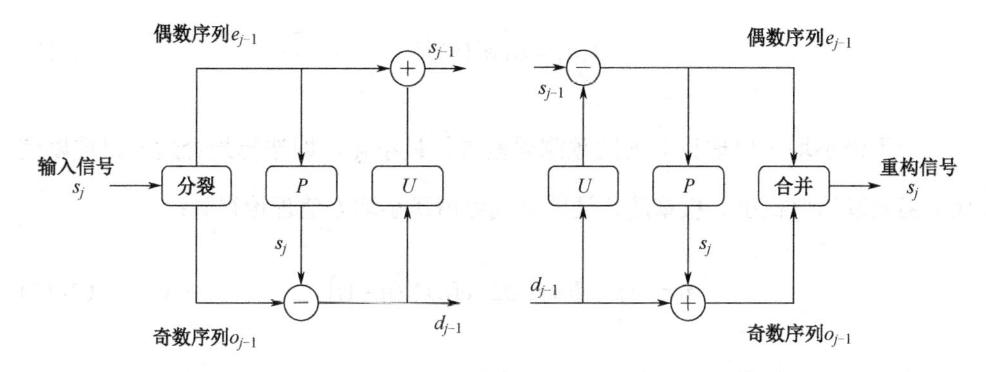

图 3-3　用提升方法进行小波分解和重构的示意图

3.2.2　前向线性预测算法

前向线性预测（Forward Linear Prediction，FLP）算法的主要思路是把先前的陀螺信号乘以相应的权重以对当前时刻的陀螺信号进行预测。显然，预测过程中存在一个最佳权重，它的获取是通过迭代过程实现的。在这个过程中，首先将权重初始值设置为零，然后利用最小均方值理论来对预测值与当前采集的陀螺信号之间的差值进行最小化，最后不断地对权重进行更新以获得一个稳定收敛的结果。

设当前陀螺信号的估计值为：

$$\hat{x}(n)=\sum_{p=1}^{N}\alpha_p x(n-p)=A^{\mathrm{T}}\boldsymbol{X(n-1)} \tag{3-39}$$

式（3-39）中，$\boldsymbol{X(n-1)}=\{x(n-1),x(n-2),\cdots,x(n-N)\}^{\mathrm{T}}$ 为先前时刻陀螺输出组成的向量；$x(n-p)$ 为先前时刻的陀螺信号；α_p 为权重；N 为阶数，阶数值越大，则滤波的效果越好，但是过大的阶数值也会增加滤波过程的计算量。当前值与预测值之差（即前向预测误差）和代价函数分别为：

$$e(n)=x(n)-\hat{x}(n) \tag{3-40}$$

$$J(n)=E\left[e^2(n)\right] \tag{3-41}$$

利用最小均方值理论对前向预测误差进行最小化，即选择最合适的权重以使代价函数取的值极小。权重迭代调整公式可由最小均方值理论得到：

$$A(n+1)=A(n)+\varepsilon E\left[e(n)X(n-1)\right] \tag{3-42}$$

为了减少计算量，式（3-42）可简化为：

$$A(n+1)=A(n)+\varepsilon e(n)X(n-1) \tag{3-43}$$

式（3-43）中，ε为一个极小的正常量，其作用是对整个迭代过程的收敛速度进行控制。ε取值较大有利于快速迭代，但这样会增加最小均方误差（MMSE）和稳态均方误差（MSE）之间的偏差，并且在ε过大的情况下，迭代过程容易发散。因此在 FLP 预测过程中，预测误差与步长是密切相关的。在初始阶段，预测误差较大，步长的选择应该使预测误差快速降到一定的程度，所以可以选取相对较大的步长；当预测误差降到一定程度后，再采取小步长以提高稳态输出精度。由于ε的调整与预测误差有关，因此可使用下面的自适应变步长算法：

$$\varepsilon(n)=\beta(1-\exp(-\alpha\left|a\tan e(n)\right|^2)) \tag{3-44}$$

式（3-44）中，$e(n)$为估计误差；β为由预测过程决定的加权系数；α为衰减系数。可通过多次试验来获得β和α的最优值。基于自适应的 FLP 算法结构如图 3-4 所示。

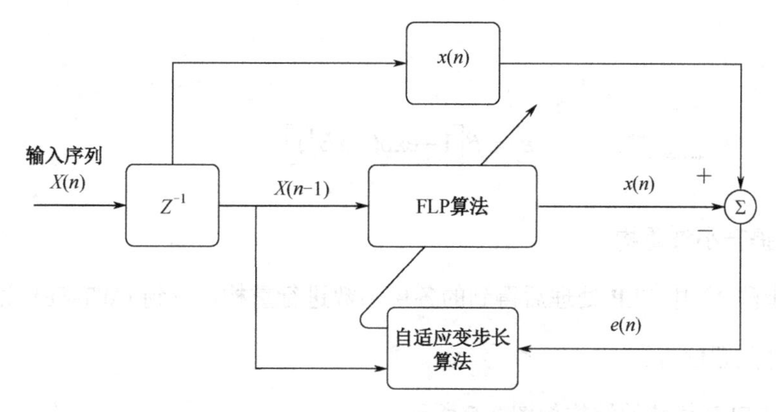

图 3-4　基于自适应的 FLP 算法结构

3.2.3　LWT-FLP 算法

为了获得更好的去噪效果，将提升小波变换（LWT）和前向线性预测（FLP）算法结合在一起，提出了一种新的去噪算法——LWT-FLP 去噪算法。其具体步骤如下。

1）提升小波分解与单支重构

选择提升小波的分解尺度为 N，并对各节点的提升小波系数进行单支重构。设其重构后的高频系数为 $d(t)$，低频系数为 $c(t)$。

2）提升小波系数的 FLP 去噪

对步骤 1）中描述的重构后的提升小波各层系数进行 FLP 处理。在此过程中，预测误差和步长是密切相关的。在初始阶段，预测误差较大，步长的选择应使预测误差快速下降到一定程度，此时可以选取相对较大的步长；当预测误差下降到一定程度，可采用小步长以提高稳态输出精度。由于 LWT-FLP 权系数调整是基于分频段数据块进行的，因此每个频段步长调整应该和频段内预测误差的绝对误差有关。令第 j 频段内 FLP 绝对误差的均值为 $E_j = E\left[\left|e_j(n)\right|\right]$，则可将式（3-44）变

换为：

$$\varepsilon_j = \beta\left[1-\exp(-\alpha E_j^2)\right] \tag{3-45}$$

3）提升小波重构

将步骤2）中 FLP 处理后得到的各层系数进行重构，得到 LWT-FLP 算法去噪后的光纤陀螺信号。

LWT-FLP 算法的结构如图 3-5 所示。

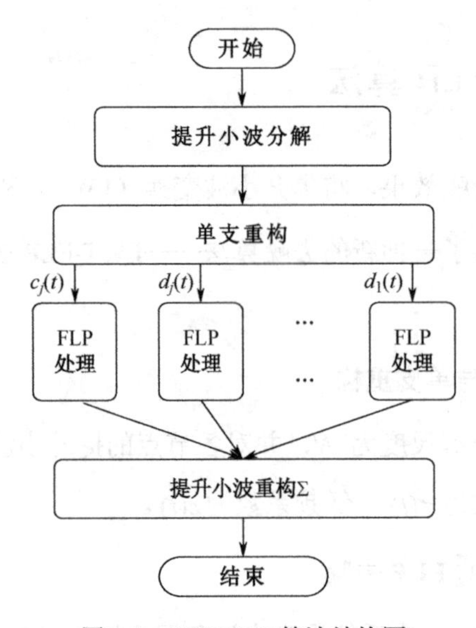

图 3-5 LWT-FLP 算法结构图

3.2.4 光纤陀螺信号去噪结果分析

选取一组干涉式闭环光纤陀螺的静态输出信号对算法进行验证，在水平放置、开机稳定、工作环境温度变化（±5℃/min）的条件下采集陀螺输出，采样频率为 100Hz，采集时间为 40 分钟。利用采集的光纤陀螺信号对 3 尺度 LWT-FLP 算法进行验证，其中提升小波的小波基选为 db4 小波。并与 3 尺度的提升小波去噪和 FLP 去噪方法进行比较，其结果如图 3-6 所示。

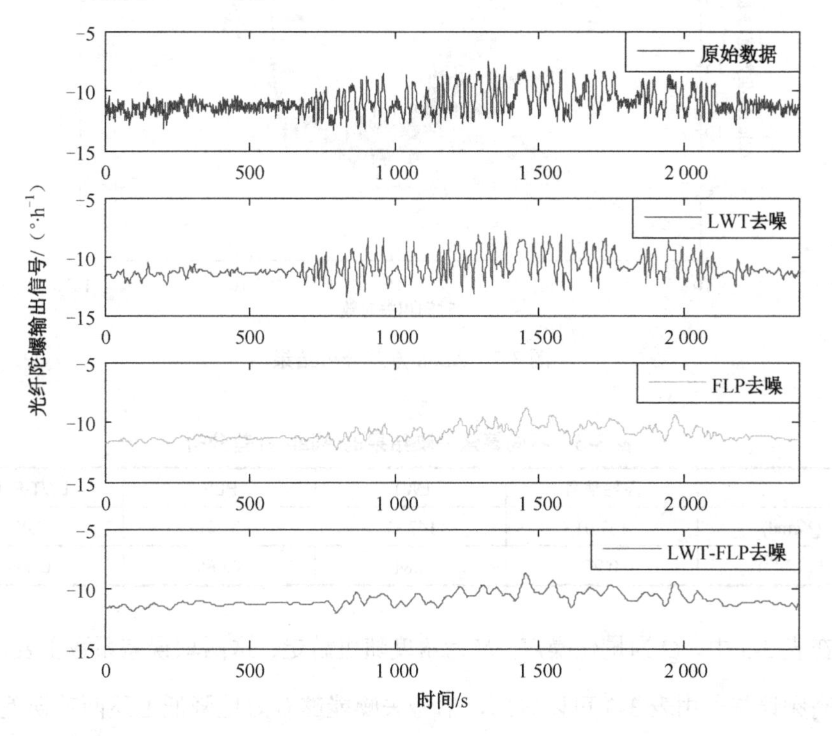

图 3-6　不同算法的去噪结果比较

从图 3-6 中可以看出，相比于传统的 LWT 和 FLP 去噪方法，由于提出了分层处理的策略，LWT-FLP 算法能够更有效地去除噪声对陀螺信号的影响。利用 Allan 方差对去噪后的信号进行分析，分析结果如图 3-7 和表 3-3 所示。

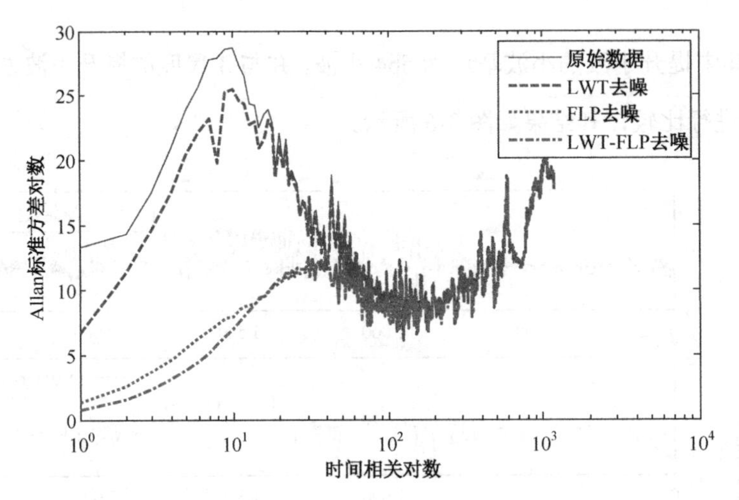

图 3-7　Allan 方差分析结果

表 3-3　不同算法去噪结果的 Allan 方差分析

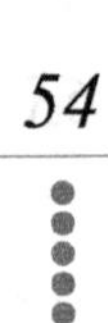

	原始信号	LWT	FLP	LWT-FLP
Q(μrad)	167.01	147.37	25.01	9.09
N(°/h$^{1/2}$)	0.97	0.84	0.066	0.064

在表 3-3 中，Q 为量化噪声，N 为角度随机游走，这两项误差系数主要反映信号的高频误差。由表 3-3 可以看出，信号去噪能够有效地降低上述两项误差系数。LWT、FLP 和 LWT-FLP 算法的去噪结果对比表明，LWT-FLP 算法能够更有效地抑制光纤陀螺噪声项系数，具有最佳去噪效果。

3.3　光纤陀螺角振动误差去除方法

3.3.1　角振动实验与输出信号分析

振动也是影响光纤陀螺性能的因素之一，本章节重点研究了光纤陀螺角振动误差的去除方法。首先对光纤陀螺进行了角振动实验，将光纤陀螺安装在转台上，采集光纤陀螺在角振动下的输出信号，实验所用三轴转台如图 3-8 所示，数据采集如图 3-9 所示。

图 3-8 三轴转台

图 3-9 数据采集

角振动条件下光钎陀螺输出信号如图 3-10 所示。

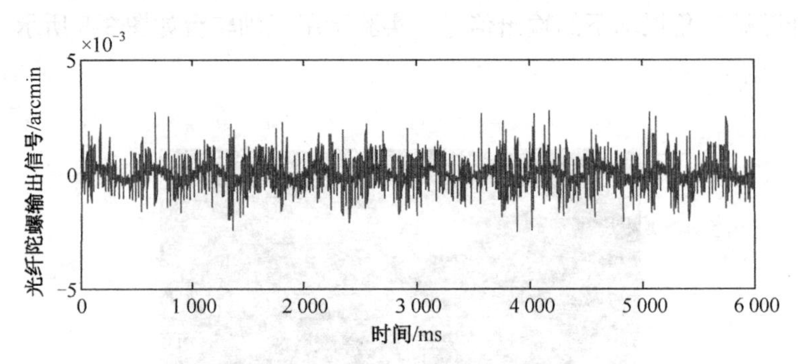

图 3-10　角振动条件下光纤陀螺输出信号

由图 3-10 可以看出，在角振动环境下，光纤陀螺的输出信号被淹没在噪声中，无法得到角振动信息。为了消除振动造成的噪声，将前向线性预测（Forward Linear Prediction, FLP）算法引入光纤陀螺信号处理中。FLP 处理后的光纤陀螺输出信号如图 3-11 所示。

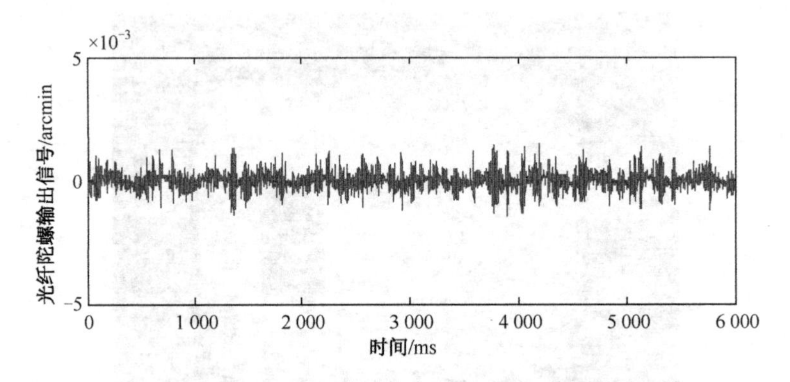

图 3-11　FLP 处理后的光纤陀螺输出信号

从图 3-11 中可以看出，FLP 处理后的光纤陀螺输出信号中噪声项明显降低，但是残留的噪声依然掩盖了真实的角振动信息。为了更好地消除噪声对光纤陀螺输出的影响，提出了基于灰色理论（Grey Theory, GT）的 G-FLP 算法。

3.3.2 灰色 FLP 算法

灰色理论（Grey Theory，GT）是一种研究少数据、贫信息、不确定性问题的新方法，它以部分信息已知、部分信息未知的“小样本”“贫信息”不确定系统为研究对象，通过对“部分”已知信息的生成、开发，提取有价值的信息，实现对系统运行行为、演化规律的正确描述和有效监控。该理论认为，任何随机过程都可看作在一定时空区域内变化的灰色过程，随机量可以看作灰色量。同时，系统数据的无规律序列可通过生成变换等方式变成有规律序列。GT 理论强调通过对无规律系统中的已知信息进行研究，提炼出有价值的信息，然后再用已知信息进一步揭示未知信息，使系统变得“白化”。

灰色系统中建立并应用的模型被称为灰色模型（Grey Model），简称 GM。GM 的本质是在原始数据序列的基础上建立起来的微分方程。其中，最有代表性的 GM 是针对时间序列的建模，它能够把时间序列数据直接转化为微分方程，充分利用系统信息，对抽象的模型进行量化，进而实现在缺乏系统特性知识的情况下也能精确预测系统输出。

首先，GM 对原始数据序列进行一次累加操作，累加后的数据能够呈现出一定的规律，然后再用典型曲线拟合累加后的序列。假设有以下时间数据序列：

$$x^{(0)}=(x_t^{(0)}\mid t=1,2,\cdots,n)=(x_1^{(0)},x_2^{(0)},\cdots,x_n^{(0)}) \tag{3-46}$$

对 $x^{(0)}$ 做一次累加得到新的数据序列 $x^{(1)}$，新的数据序列 $x^{(1)}$ 的第 t 项为原始数据序列 $x^{(0)}$ 前 t 项之和，即有：

$$x^{(1)}=(x_t^{(1)}\mid t=1,2,\cdots,n)=(x_1^{(0)},\sum_{t=1}^{1}x_t^{(0)},\sum_{t=2}^{2}x_t^{(0)},\cdots,\sum_{i=n}^{n}x_t^{(0)}) \tag{3-47}$$

根据新的数据序列$x^{(1)}$，建立白化方程，可以得到：

$$\frac{\mathrm{d}x^{(1)}}{\mathrm{d}t}+ax^{(1)}=u \tag{3-48}$$

式（3-48）的解为：

$$x_t^{*(1)}=(x_1^{(0)}-u/a)e^{-a(t-1)}+u/a \tag{3-49}$$

$x_t^{*(1)}$为$x_t^{(1)}$序列的估计值，对$x_t^{*(1)}$做一次累减得到$x^{(0)}$的预测值$x_t^{*(0)}$，即：

$$x_t^{*(0)}=x_t^{*(1)}-x_{t-1}^{*(1)} \qquad t=2,3,\cdots,n \tag{3-50}$$

3.3.3 G-FLP 算法

为了更好地去除噪声对角振动环境下光纤陀螺输出的影响，现充分利用灰色理论和 FLP 算法的优点，将灰色理论与 FLP 算法结合在一起，首先对数据序列进行灰化处理，然后对灰化后的数据序列进行 FLP 处理，最后对数据序列进行白化处理，得到最终的信号处理结果。G-FLP 算法结构如图 3-12 所示。

用 G-FLP 算法对图 3-10 所示的光纤陀螺输出信号进行处理，得到处理后的结果如图 3-13 所示。

对比图 3-11 和图 3-13 可以看出，G-FLP 算法能够有效地去除噪声。与传统的 FLP 算法相比，G-FLP 的性能更为优越。用 FLP 算法和 G-FLP 算法处理结果的数据均值和标准差统计结果见表 3-4。

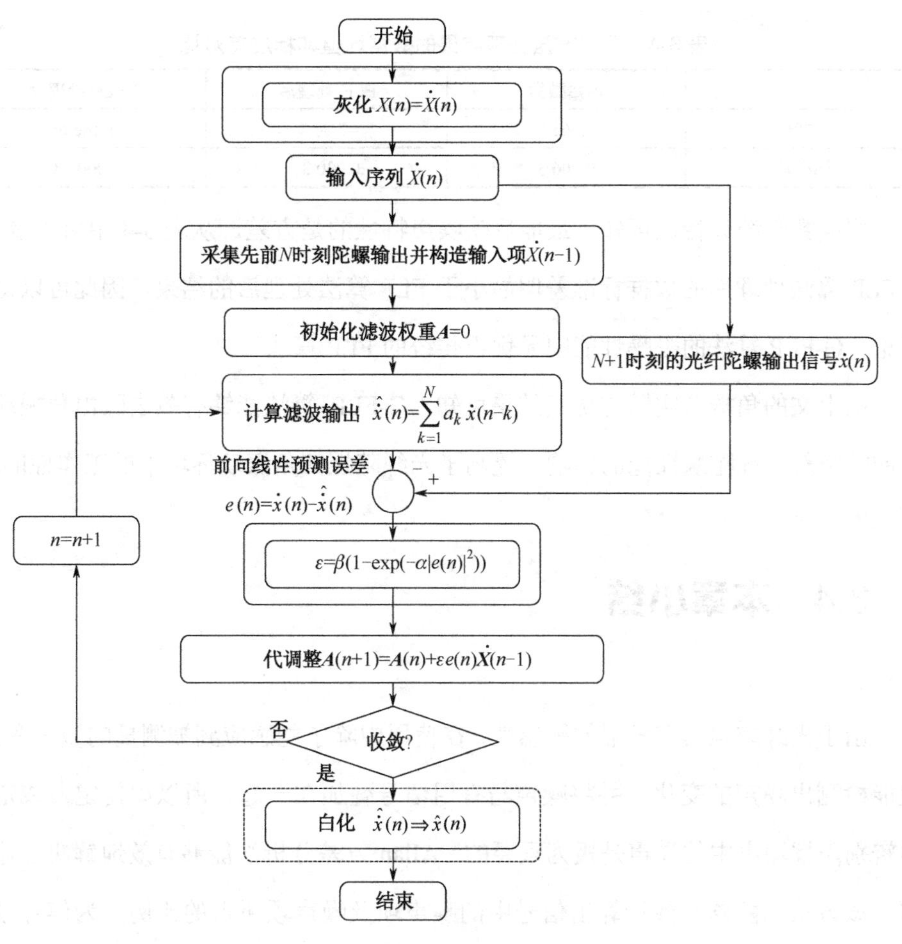

图 3-12　G-FLP 算法结构

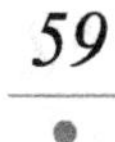

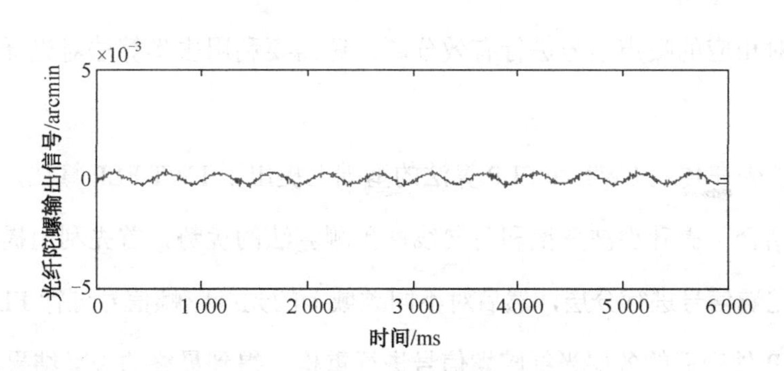

图 3-13　G-FLP 算法处理后的光纤陀螺输出信号

表 3-4　不同方法处理结果的数据均值和标准差对比

	原始数据	FLP 处理后	G-FLP 处理后
均值	1.96e-5	-7.9e-7	1.36e-6
标准差	0.006 3	0.000 37	0.000 18

根据数学统计特性可知，最能反映噪声特性的是方差。从表 3-4 中可以看出，G-FLP 算法处理后的数据标准差明显小于 FLP 算法处理后的结果，因此可以得出结论，G-FLP 算法的去噪性能明显优于传统的 FLP 算法。

由上文的角振动实验与仿真结果可知，G-FLP 算法能够有效去除由角振动引起的噪声对光纤陀螺性能的影响，提高了光纤陀螺在角振动环境下的工作性能。

3.4　本章小结

由于光纤陀螺具有较强的敏感性，在使用中除了能感应到被测量的微小变化，也能检测出噪声的变化，并将噪声与有用信号叠加在一起，所以如何定量或定性地辨别陀螺输出中的噪声是极为重要的。Allan 方差分析法能够有效地解决上述问题，该方法也能够有效计算出信号中的噪声项及噪声项所占的比例，为信号预处理及去噪提供良好的辅助作用。Allan 方差分析法还能够有效地对噪声项进行分析，但是如何对相应的噪声信号进行有效分离，还需要利用去噪算法对光纤陀螺信号进行处理。

本章首先在传统 LWT 和 FLP 算法的基础上提出了 LWT-FLP 算法，LWT-FLP 算法充分结合了提升小波变换和前向线性预测算法的优势，首先利用提升小波变换对光纤陀螺信号进行分层，然后对不同频域上的光纤陀螺信号进行 FLP 处理，最后对 FLP 处理后的各层光纤陀螺信号进行重构，得到最终的去噪结果。

随后针对光纤陀螺角振动误差提出了基于灰色理论和 FLP 算法的 G-FLP 算法。该方法首先对光纤陀螺角振动输出进行灰色累加操作，随后对灰化的数据序列进行前向线性预测，最后对预测的结果进行白化处理，有效地去除了光纤陀螺角振动误差。

第 4 章

陀螺温度漂移建模补偿技术

4.1　光纤陀螺温度漂移与建模方法

温度、温度变化率和温度梯度是引起光纤陀螺误差的主要环境因素。如果考虑光纤的温度效应，当光束以传输常数 $\beta(z)$ 通过长度为 L 的光纤时，其相位延迟为：

$$\phi = \beta_0 nL + \beta_0(\frac{\partial n}{\partial T} - na)\int_0^L \Delta T(z)\mathrm{d}z \tag{4-1}$$

式（4-1）中，$\beta_0 = \frac{2\pi}{\lambda_0}$ 为光在真空中的传输常数；n 为光纤有效折射率；$\frac{\partial n}{\partial T}$ 为石英材料的折射率温度系数；a 为热膨胀系数；$\Delta T(z)$ 为沿着光纤温度分布的变化量。

在 Sagnac 干涉仪中，两束干涉光分别以顺时针（CW）和逆时针（CCW）方向通过同一长度为 L 的光纤。假设 CW 光波在 t 时刻到达光纤的输出端，CCW 光波到达某一坐标点 z 的时刻为 $t' = t - (L - z)/c_n$，其中 $c_n = c_0 / n$ 为波导中的波速。

在主要考虑应变效应和泊松效应而不考虑光弹效应的情况下，由式（4-1）可分别得到顺时针、逆时针光波的相位延迟：

$$\begin{cases} \phi_{\mathrm{CW}} = \beta_0 nL + \beta_0 \dfrac{\partial n}{\partial T}\displaystyle\int_0^L \Delta T(z, t - z / c_n)\mathrm{d}z \\ \phi_{\mathrm{CCW}} = \beta_0 nL + \beta_0 \dfrac{\partial n}{\partial T}\displaystyle\int_0^L \Delta T(L - z, t - z / c_n)\mathrm{d}z \end{cases} \tag{4-2}$$

于是，检测到的光纤环的热致非互易性效应误差为：

$$\Delta\phi_E = \frac{\beta_0}{c_0} n \frac{\partial n}{\partial T}\int_0^{\frac{L}{2}} (\Delta T(z) - \Delta T(L - z))(2z - L)\mathrm{d}z \tag{4-3}$$

由式（4-3）可知，温度变化对光纤陀螺输出信号有着显著的影响。目前，针对光纤陀螺温度误差的建模与补偿研究已进行了大量工作，其中通过建立数学模型对误差进行补偿是应用最广泛的方法。在光纤陀螺惯性组合产品的误差建模中，一般仅针对产品工作时的温度对惯性仪表的零偏和标度因数进行建模，本节主要针对光纤陀螺温度漂移进行建模。

针对光纤陀螺温度漂移建模，目前已有成熟的建模和应用方法。光纤陀螺零偏的确定性误差模型（即不考虑随机项误差）可用下式表示：

$$D = D_0 + D_T T + D_{\dot{T}} \dot{T} \tag{4-4}$$

式（4-4）中，D 为陀螺零偏；D_0 为常值误差；D_T 和 $D_{\dot{T}}$ 分别是温度 T 和温度变化率 $\dot{T}$ 相关的误差系数。

式（4-4）是将光纤陀螺的温度漂移误差表达为与温度、温度变化率等多因素有关的线性多项式形式。由于温度场是一种分布式参数，持续作用于陀螺的不同结构及部件，陀螺内部不同部位温度和温度变化率存在客观上的差异，且都对陀螺温度漂移产生不同的影响，其综合作用便是使陀螺输出偏离输入形成温度漂移误差。因此，光纤陀螺的温度漂移可以看成温度场在多个典型空间位置上的取值及其对时间导数的线性组合。创建这类线性模型较为简单实用的方法是基于多元线性回归统计的方法。取$r \geqslant 2$个位置的温度及温度变化率，得到陀螺温度误差的多元线性回归模型为：

$$D = D_0 + \sum_{i=1}^{r} D_{T_i} \cdot T_i + \sum_{i=1}^{r} D_{\dot{T}_i} \cdot \dot{T}_i + \varepsilon \tag{4-5}$$

式（4-5）中，D、D_0、D_{T_i}、$D_{\dot{T}i}$、T_i和$\dot{T}_i$的含义与式（4-4）中均相同；ε为随机温度误差。对于一组温度（及其变化率）采样值，得到对应的温度漂移值后就可以利用最小二乘回归法得到模型回归系数$\left\{D_0\ D_{T_1}\ D_{T_2} \cdots D_{T_r}\ D_{\dot{T}_1}\ D_{\dot{T}_2} \cdots D_{\dot{T}_r}\right\}$的估计值。

对光纤陀螺温度漂移的建模补偿分为两种情况：一是光纤陀螺在惯性测量组合通电启动过程中的温度误差建模和补偿；二是光纤陀螺在惯性测量组合稳态工作时的温度误差建模和补偿。光纤陀螺在惯性测量组合通电启动过程中的温度误差建模和补偿又分为两种情况，分别是短时间工作时的启动过程建模和工作时间较长时的启动过程建模。

当惯性测量装置在通电后的工作时间较短时（如几分钟之内），由于通电后其内部尚未达到热平衡，工作就已经结束，此时光纤陀螺内部温度环境与通电时刻很接近，基本可以不考虑通电后短时间内温度变化对光纤陀螺误差系数的影响，只需建立光纤陀螺在不同温度下通电启动时的零偏变化模型即可。使用光纤陀螺内部的一个监控点温度作为输入，则零偏温度误差模型为：

$$D = D_0 + D_T (T - T_0) + \varepsilon \tag{4-6}$$

式（4-6）中，T 为监控点温度；T_0 为参考温度；ε 为随机误差。

当惯性测量组合工作时间较长时，光纤陀螺内部温度场在通电后将随时间不断变化并逐渐达到热平衡，这一过程相对较慢且直接影响零偏。为了满足全过程精度要求，需要对通电后陀螺零偏过程进行建模并补偿。在陀螺内部的光路和电路上各设一个（或多个）测温点，取两点的测量温度 T_1、T_2 和两点的温度变化率 $\dot{T}_1$、$\dot{T}_2$ 作为状态变量，则零偏温度误差模型为：

$$D = D_0 + D_{T_1}T_1 + D_{T_2}T_2 + D_{\dot{T}_1}\dot{T}_1 + D_{\dot{T}_2}\dot{T}_2 + \varepsilon \tag{4-7}$$

在航海、航天等领域，惯性测量系统在通电后一般会有足够长的稳定时间，这时就不必考虑惯性系统在启动过程中的测量精度问题，而只需考虑其稳定工作后受环境温度影响时的测量精度问题，这也是其他各类需要长时间工作的惯性系统需要重点研究的问题。光纤陀螺工作稳定后受外界温度扰动引起的温度误差变化规律，与光纤陀螺通电启动过程的变化规律既有相似之处，也有差异之处。相似之处在于它们都是内部温度场变化引起漂移的，可以选用类似的模型；不同之处在于通电启动过程中的发热源主要是惯性测量组合内部的仪表及元器件，而工作稳定后的误差源主要是外部环境温度，是由外到内的影响，两者的温度影响机理不同。环境温度波动引起的陀螺漂移，本质上是在外界温度扰动下的动态过程建模的，试验中需要充分考虑多种温度变化范围和幅度，以充分激励光纤陀螺温漂动态特性，增强模型适应性。试验时采集多个试验样本数据进行多变量回归统计分析，剔除对模型影响不显著的测温点，保留光纤陀螺上下端面和电路组件的温度（T_1，T_2，T_3）及其温度变化率（$\frac{dT_1}{dt}$，$\frac{dT_2}{dt}$，$\frac{dT_3}{dt}$）这六个变量，则光纤陀螺零偏温度模型如下所示：

$$D = D_0 + \sum_{i=1}^{3} D_{T_i} \cdot T_i + \sum_{i=1}^{3} D_{\dot{T}_i} \cdot \dot{T}_i + \varepsilon \tag{4-8}$$

4.2 基于外界温度变化率的光纤陀螺温度误差模型

4.1 节给出了光纤陀螺通电启动过程中和稳态工作后的温度误差模型，利用已有的温度误差模型即可对常态温度变化造成光纤陀螺误差进行建模和补偿。但是，目前对光纤陀螺工作在特殊温度变化环境下的温度漂移误差的机理分析和建模补偿研究还比较少。比如在高山环境条件下工作时，由于山脚处与山顶处的温差较大，当载体从山脚开往山顶时，较快的温度变化速率会导致光纤陀螺出现较大的温度误差。此外，传统的光纤陀螺稳态工作情况下的温度误差建模方法需要得到光纤陀螺的光纤环上下端面和电路组件的温度，因此需要将多个温度传感器植入光纤陀螺内部，工程实现较为复杂。

根据光纤陀螺温度漂移原理可知，温度对光纤陀螺的影响主要有两种方式：一是内部温度场变化引起的漂移，该发热源主要是惯性测量组合内部的仪表及其元器件；二是外部环境温度变化。当外部环境温度剧烈变化时，内部温度场变化缓慢，相对外部温度因素造成的漂移较小。因此，针对外界环境温度剧烈变化的情况，本节提出了一种新的基于外界温度变化速率的模型对温度误差进行建模，即在光纤陀螺正常工作时，同步采集光纤陀螺输出信号与外界温度变化速率数据，随后根据光纤陀螺输出与温度变化速率之间的变化趋势建立模型，以对剧烈温度变化下的光纤陀螺温度误差进行补偿。

首先进行光纤陀螺温度实验。将光纤陀螺放置在高低温试验箱内，在光纤陀螺静止的情况下，分别在温度变化速率为±1 ℃/min、±5 ℃/min、±8 ℃/min 和±10 ℃/min 的情况下采集光纤陀螺输出，光钎陀螺温度实验如图 4-1 所示。

图 4-1　光纤陀螺温度实验

将实验采集的光纤陀螺输出数据分为两组：第一组包括±1 ℃/min、±5 ℃/min、−8℃/min 和 10℃/min 温度变化速率下的光纤陀螺输出信号，该组数据用来建立温度误差模型；第二组包括8℃/min和−10℃/min温度变化速率下的光纤陀螺输出信号，该组数据用来对建立的模型进行验证。第一组数据如图 4-2 所示，其中图 4-2（a）为光纤陀螺输出三维图，图 4-2（b）为其侧视图。

由图 4-2 可以看出，温度剧烈变化造成的光纤陀螺温度误差中包含强烈的噪声和漂移两部分。为了更好地研究光纤陀螺温度漂移误差，首先需要对光纤陀螺输出信号进行去噪。利用第 3 章中提出的 LWT-FLP 去噪算法对光纤陀螺输出信号进行处理，得到去噪后的信号。去燥后的光纤陀螺温度漂移如图 4-3 所示。

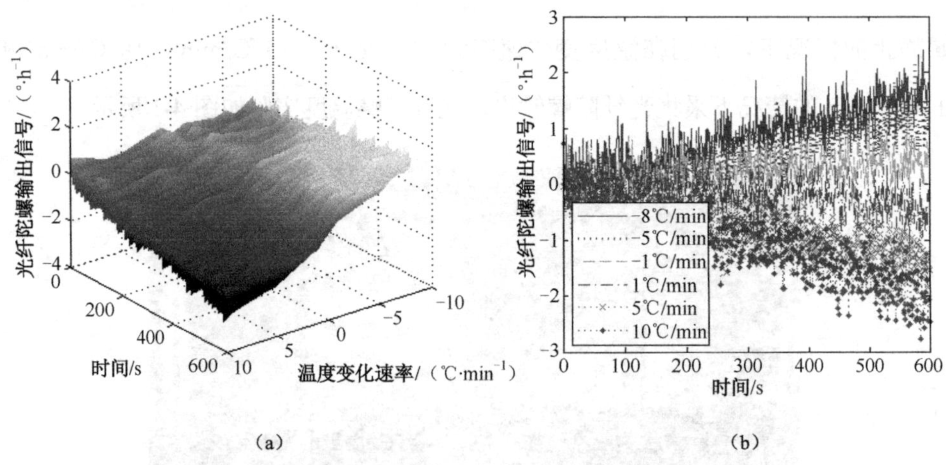

图 4-2　不同温度变化速率情况下的光纤陀螺输出信号

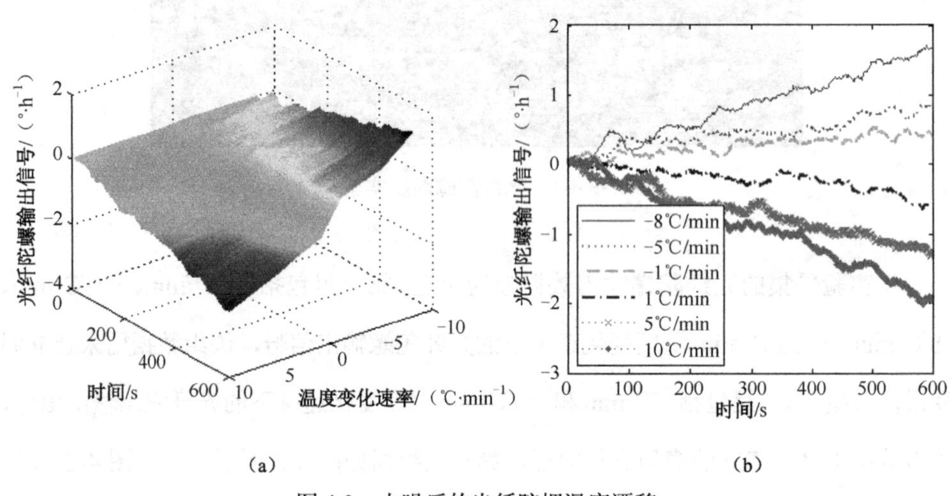

图 4-3　去噪后的光纤陀螺温度漂移

图 4-3 表示去噪后的光纤陀螺温度漂移，由图可见温度漂移趋势已很清晰，大致与时间呈线性关系，而漂移随温度变化速率的变化趋势还需要进一步探索。建立光纤陀螺温度漂移与时间的关系式：

$$D = at + b \tag{4-9}$$

式（4-9）中，D 为陀螺温度漂移；t 为时间；a、b 为待定系数。由图 4-3 可以看出，系数 a 和 b 不是常数，而是随温度变化速率 $\dot{T}$ 变化的，即：

$$a = f(\dot{T}), b = f(\dot{T}) \tag{4-10}$$

在每个温度变化速率下利用得到的实验数据分别对系数 a 和 b 进行解算，随后对解算出的 a 和 b 建立基于 $\dot{T}$ 的高阶多项式拟合模型，1～4 阶拟合残差见表 4-1。

表 4-1　基于温度变化速率的拟合残差

拟合阶数		1	2	3	4
拟合残差 (°/h)	a	0.000 64	0.000 63	0.000 58	0.000 49
	b	0.135 3	0.135 2	0.032 7	0.004 9

由表 4-1 可以看出，当拟合阶数为 1 的时候，系数 a 的拟合残差已经降到很低；当拟合阶数为 4 的时候，可以得到良好的系数 b 的拟合结果。综合考虑拟合精度和运算，将系数 a 温度变化速率的模型选为 1 阶拟合多项式，系数 b 温度变化速率的模型选为 4 阶拟合多项式，如图 4-4 所示。

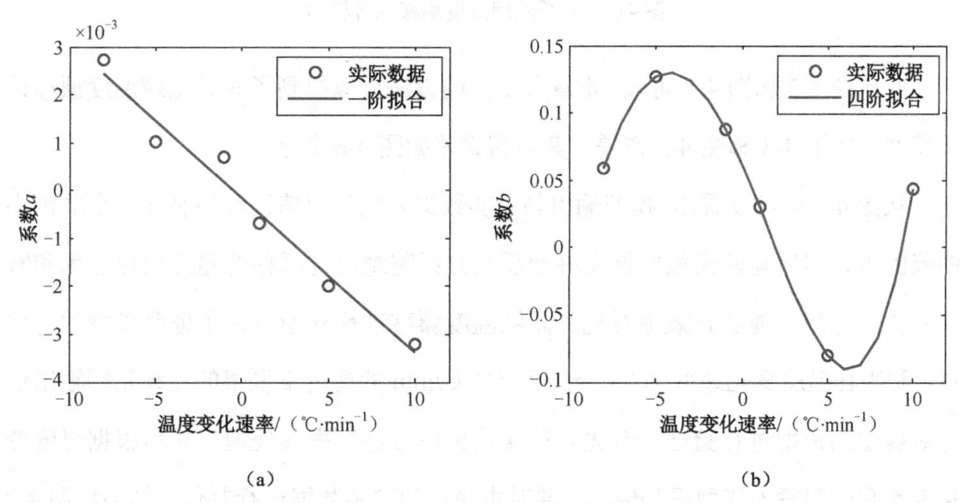

图 4-4　系数 a 和 b 的拟合结果

并与式（4-9）结合在一起，得到最终的模型：

$$D=(a_0+a_1\dot{T})t+(b_0+b_1\dot{T}+b_2\dot{T}^2+b_3\dot{T}^3+b_4\dot{T}^4) \quad (4\text{-}11)$$

利用实验得到的数据对式（4-11）中的系数进行解算，便可得到基于外界温度变化速率和时间的光纤陀螺温度漂移拟合模型。光钎陀螺温度漂移拟合模型如图 4-5 所示。

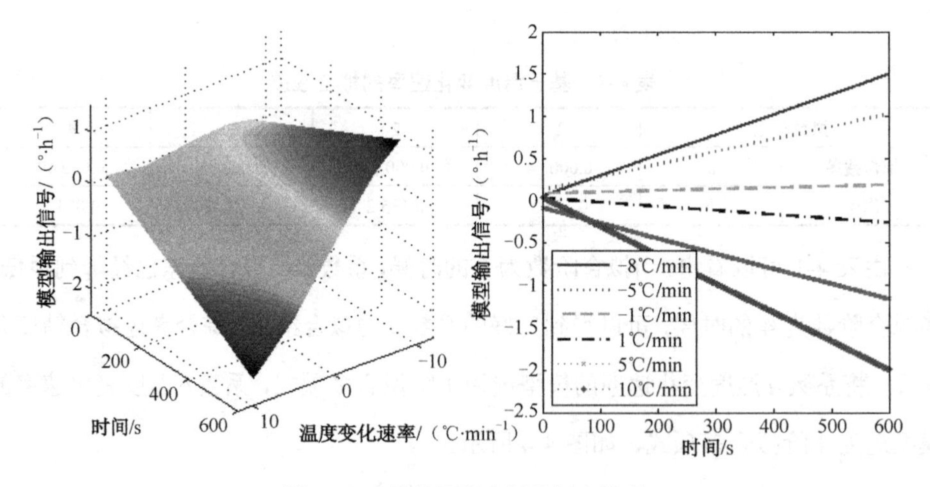

图 4-5　光纤陀螺温度漂移拟合模型

对比图 4-3 和图 4-5 可知，本章节提出的方法近似得到了光纤陀螺温度漂移误差模型。将图 4-3 和图 4-5 作差，其残留误差如图 4-6 所示。

从图 4-6 中可以看出，模型输出与真实数据之间的差值已经控制在一个非常小的范围内，即所建的模型能够良好地反映光纤陀螺温度漂移随温度变化速率和时间变化的趋势，能够有效地对光纤陀螺温度漂移进行补偿。为了证明模型的适用性，利用在温度变化速率为 8℃/min 和−10℃/min 的情况下采集的光纤陀螺输出信号对提出的模型进行验证。首先对陀螺输出信号进行去噪处理，然后根据温度变化速率和时间输入模型得到输出，并对去噪后的陀螺数据进行补偿，结果如图 4-7

所示。

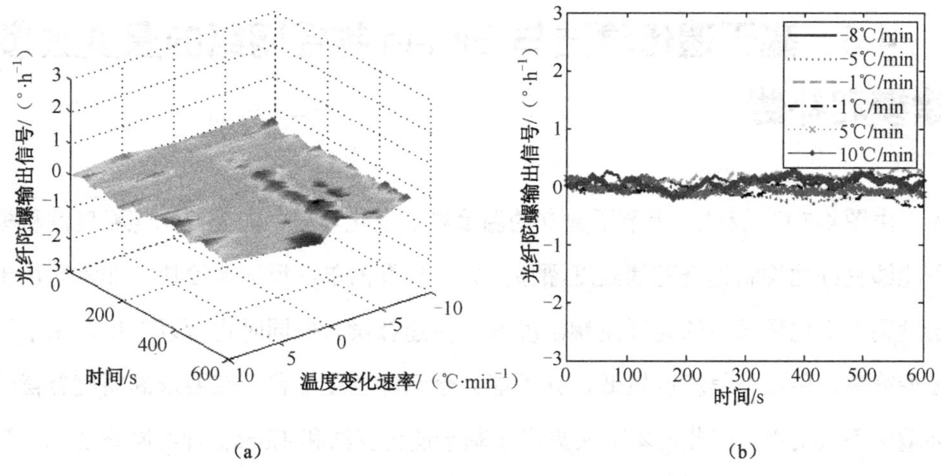

图 4-6　模型拟合残差三维图与其侧视图

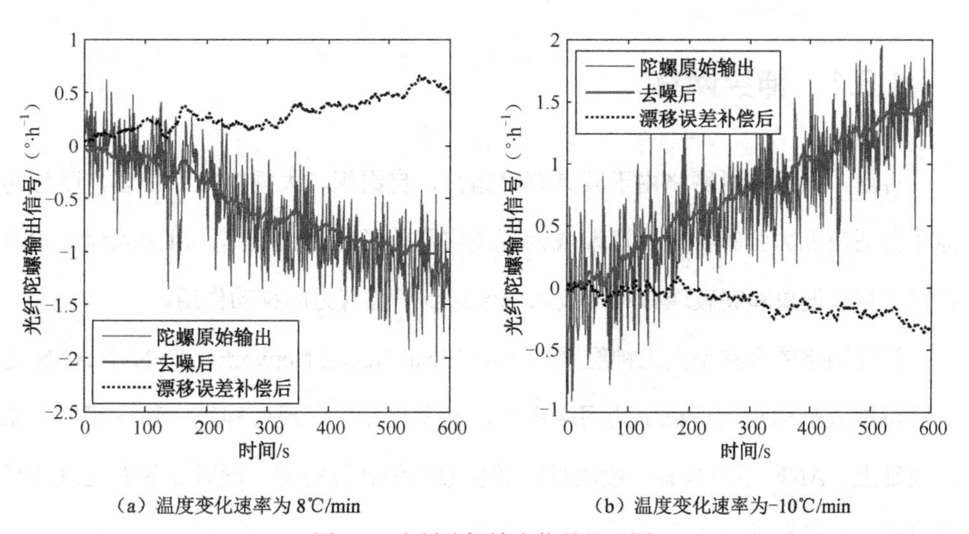

（a）温度变化速率为 8℃/min　　（b）温度变化速率为-10℃/min

图 4-7　光纤陀螺输出信号处理图

由图 4-7 可以看出，在对光纤陀螺信号去噪和利用提出的模型进行漂移补偿后，由外界温度剧烈变化造成的陀螺误差得到了良好的抑制，验证了基于温度变化速率和时间的模型的正确性和适用性。

4.3 基于遗传算法与 Elman 神经网络的温度漂移建模和补偿

由图 4-7 可以看出，上节所建立的温度剧烈变化环境中的光纤陀螺温度漂移模型能够良好地抑制光纤陀螺温度漂移，并且模型简单，反应速度快，非常适用于温度剧烈变化环境中的光纤陀螺温度漂移快速补偿。但同时也可以看出，由于该模型简单，所以补偿精度较低，并不能完全消除温度漂移，在要求高精度补偿的环境中不太实用。因此，本节又提出了基于遗传算法和 Elman 神经网络的光纤陀螺温度漂移建模和补偿方法。

4.3.1 神经网络

目前，人工神经网络由于其具有容错性、自组织、大规模并行处理、联想功能和自适应能力强等特点，逐渐成为解决实际问题的有力工具，对深入地探索非线性等复杂现象和突破现有科学技术瓶颈起到了强有力的推动作用。

神经网络的全称是人工神经网络（Artificial Neural Network，ANN），ANN 是一种模拟人脑信息处理机制的网络系统，其发展建立在现代神经生物学研究成果的基础上。ANN 不但具有一般的处理数值数据的计算能力，同时还具有处理知识的思维、记忆和学习能力。

通常，神经网络互连结构被人们较多地考虑为以下四种典型结构，分别如下。

（1）前馈网络。特点是神经元分层排列，依次组成了输入层、隐含层一集输出层，其中每一层都只能够接受前一层神经元的输入。

（2）反馈网络。它的特点是在输入层到输出层之间存在反馈。

（3）相互结合型网络。它的特点是任意两个神经元之间都可能存在连接。

（4）混合型网络。这种网络是网状结构网络和层次型网络的一种结合。

目前，具有代表性的神经网络模型有以下几类。

（1）BP 神经网络。BP 神经网络是多层前馈网络，其学习方式采用的是最小均方差。BP 神经网络的使用最为广泛，可用于语言识别、语音综合、自适应控制等。BP 的缺点为训练时间长、仅有导师训练、易陷入局部最小等。

（2）RBF 神经网络。RBF 神经网络是一种极为有效的多层前馈网络，RBF 的神经元基函数具有仅在微小局部范围内才产生有效的非零响应的局部特性，因此，RBF 可以在学习过程中实现高速化。RBF 的缺点是难以学习映射的高频部分。

（3）Hopfield 神经网络。Hopfield 是一种最典型的反馈神经网络，也是人们目前研究最多的模型之一。该网络是一种单层网络，由相同的神经元构成，不具备自学习功能的联想网络，并且需要对称连接。Hopfield 网络还具有完成联想记忆和制约优化等功能。

（4）Elman 神经网络。它是一种典型的局部回归神经网络，比较适用于时间序列处理。其主要由输入层、隐含层、连接层和输出层组成，是在基本的 BP 网络基础上增加一个内部反馈环节。这种结构对于上下文结构关系具有敏感性，有利于动态过程的建模。

在光纤陀螺温度漂移建模研究中，BP 神经网络和 RBF 神经网络均已得到了广泛应用。而根据 Hopfield 神经网络的原理可知，该模型自学习功能较差，并不适用于温度漂移建模。因此，本节尝试应用 Elman 神经网络对光纤陀螺温度漂移进行建模。

4.3.2 Elman 神经网络

Elman 神经网络是 Elman 于 1990 年针对语音信号问题提出的，它是一种典型的局部递归网络，比较适合于时间序列处理。基本的 Elman 神经网络如图 4-8 所示。

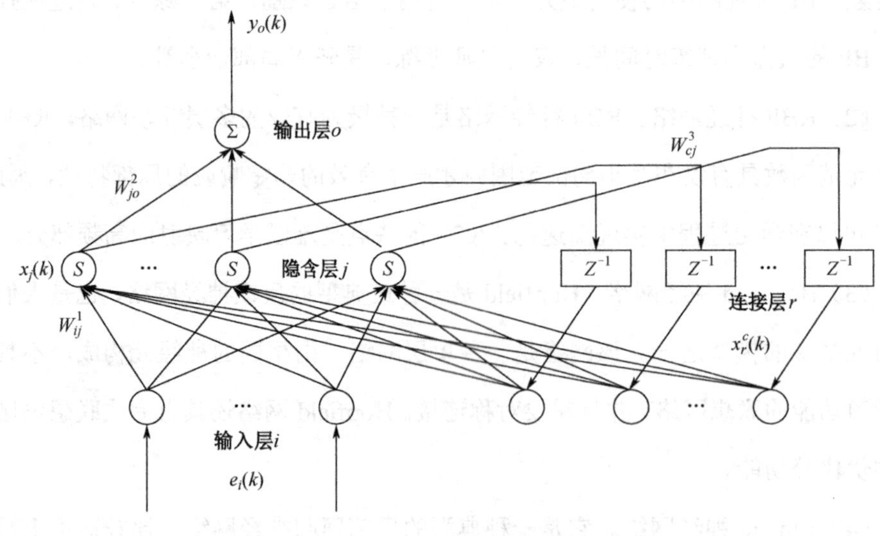

图 4-8 Elman 神经网络结构图

如图 4-8 所示，Elman 神经网络的非线性状态空间表达式为：

$$y_o(k)=\sum_{i=1}^{N}W_{jo}^2 x_j(k) \tag{4-12}$$

其中，

$$x_j(k)=f(W_{ij}^1 e_i(k)+W_{cj}^3 x_r^c(k)) \tag{4-13}$$

$$x_r^c(k)=x_j(k-1) \tag{4-14}$$

式（4-12）中，$y_0(k)$ 为神经网络的输出；W_{jo}^2 为隐含层到输出层的连接权值。式（4-13）中 W_{ij}^1 为输入层到隐含层的连接权值；W_{cj}^3 为隐含层到连接层的连接权值。N 为隐含层节点数；$f(\cdot)$ 为隐含层神经元的传递函数，采用 transig 函数。

Elman 神经网络采用优化的梯度下降法作为学习算法，也被称为自适应学习速率动量梯度下降反向传播算法。这种算法既能有效提高网络训练速率，同时又能有效避免网络陷入局部极小的情况。学习过程的目的是用输出样本值与网络的实际输出值的差值来修正阈值和权值，使网络输出层的误差平方和最小。假设第 k 步系统的实际输出向量为 $\boldsymbol{y}_o(\boldsymbol{k})$，样本向量为 $\boldsymbol{y}(\boldsymbol{k})$，则在时间段（0，$T$）内，定义误差函数为：

$$E=\frac{1}{2}\sum_{k=1}^{T}[\boldsymbol{y}_o(\boldsymbol{k})-\boldsymbol{y}(\boldsymbol{k})]^2 \tag{4-15}$$

4.3.3 遗传算法

Elman 神经网络是一种典型的动态神经元网络，它是在 BP 网络基本结构的基础上，通过存储内部状态使其具备映射动态特征的功能，从而使系统具有适应时变特性的能力。由图 4-8 可以看出，网络结构、初始连接权值和阈值的选择对网络训练的影响很大，但是又无法准确获得，针对该缺陷可以采用遗传算法对神经网络进行优化。

遗传算法（Genetic Algorithm，GA）是一种模拟达尔文遗传选择和自然淘汰生物进化过程的计算模型，GA 是由密歇根大学 J. Holland 教授于 1975 年首先提出的，GA 具有良好的全局优化性能，并且也具有很强的宏观搜索能力。因此将神经网络与遗传算法相结合，在训练时首先利用遗传算法寻找神经网络的权值，缩小搜索范围后，再利用神经网络进行精确的求解，既能达到快速高效和全局寻找的目的，同时又能避免局部极小的问题。GA 不仅具有全局搜索能力，还能够提高局部搜索能力，增强自动获取和积累搜索空间知识及自应用地对搜索过程进行控制的能力，从而极大改善了结果的性质。

GA 首先利用基因型来表示问题的求解，选取适应环境的个体，同时淘汰不理想的个体，对保留下来的个体进行复制再生，随后通过交叉、变异等遗传算子产生新的染色体群。根据不同的收敛条件，将适应环境的个体从群体中迁出，促进每一代都不断进步，最后收敛到适应环境的个体上，这样便求得了问题最优解。生物遗传学概念与 GA 中概念的对应关系见表 4-2。

表 4-2　生物遗传学概念与 GA 中概念的对应关系

生物遗传学概念	遗传算法中的概念
适者生存	算法停止的时候，最优目标值的解被留住的可能性最大
个体（individual）	目标函数的解
染色体（chromosome）	解的编码（向量）
基因（gene）	解中每一分量的特征（或值）
适应性（fitness）	适应函数值
群体（population）	选定的一组解（其中解的个数为群体的规模）
种群（reproduction）	根据适应函数选取一组解
交配（crossover）	按照交配原则产生的一组新解的过程
变异（mutation）	编码的某一分量发生变化的过程

遗传算法实现步骤如下。

（1）随机产生一定数目的初始染色体。上述染色体会组成一个种群，种群中的染色体具体数目被称为种群的大小或规模（pop-size）。

（2）用评价函数来对每个染色体的优劣进行评价，把染色体对不同环境的适应程度（适应度）用作遗传依据。

（3）基于适应值的选择策略。在当前的种群中，选取出一定数目的染色体作为新一代的染色体，其适应度越高，被选择的机会也就越大。

（4）对上述新生成的种群进行交叉（即交配）和变异操作。其目的是使种群中的每个个体具有多样性，避免陷入局部最优解，通过该步骤产生的染色体群（种群）被称为后代。

随后不断重复选择、交叉和变异的操作过程。再经过一定次数的迭代后，将得到的最好的染色体作为优化问题的最优解。GA 的流程图如图 4-9 所示。

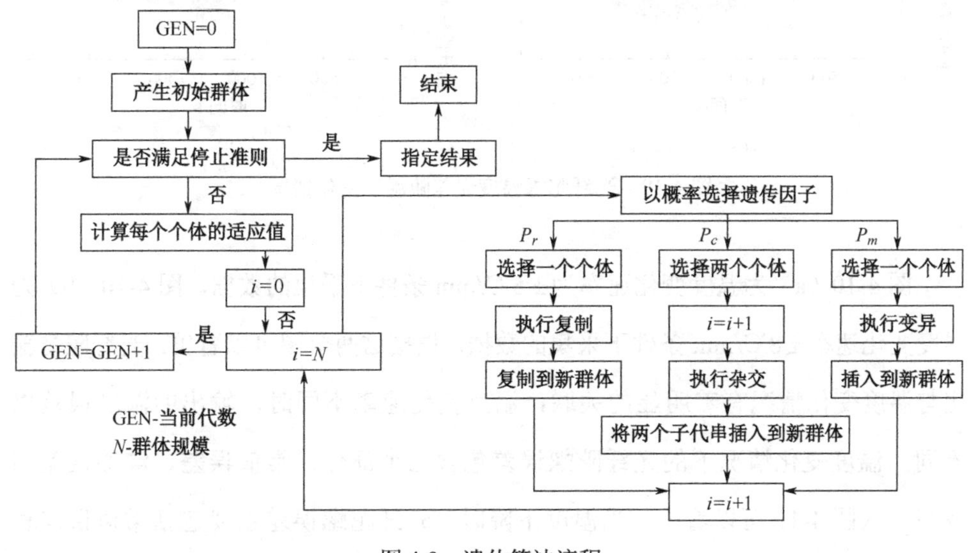

图 4-9　遗传算法流程

4.3.4　基于 GA-Elman 的光纤陀螺温度漂移建模与补偿

为了建立光纤陀螺温度漂移模型，首先进行光纤陀螺温度实验。实验步骤如下：将光纤陀螺置入温控箱中，调节温度变化速率，采集光纤陀螺静态输出信号，采集时间为 40 分，采集频率为 100Hz。温度变化情况和对应的光纤陀螺输出如图 4-10 所示。

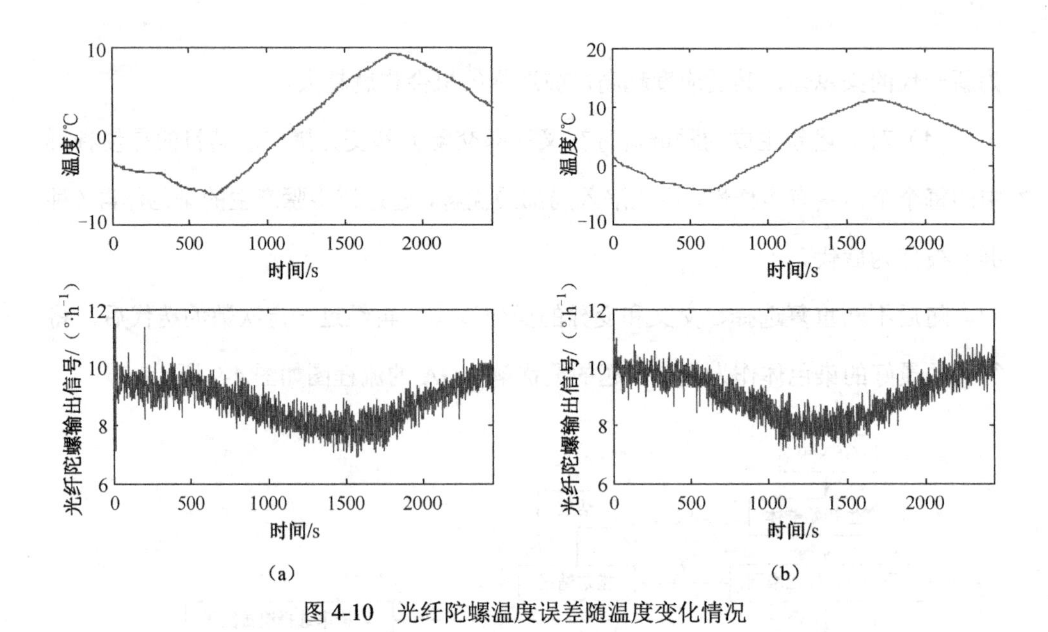

图 4-10　光纤陀螺温度误差随温度变化情况

图 4-10（a）为温度变化速率为 ± 5℃/min 条件下采集的数据，图 4-10（b）为温度变化速率 ± 8℃/min 条件下采集的数据。根据这两个图可以看出，光纤陀螺输出与温度变化情况有着明显的关联，温度变化速率不同时，输出的温度误差也不同。温度变化情况下的光纤陀螺误差包含三个部分：常值误差、漂移误差和噪声。从图 4-10 可以看出，当温度下降时，光纤陀螺误差主要包括常值误差和噪声，并无明显漂移误差；当温度上升时，光纤陀螺误差主要包括常值误差、漂移误差和噪声。

为了建立精确的光纤陀螺温度漂移模型，首先要去除常值误差，常值误差的计算方法为：

$$D_0 = \frac{\sum_{i=1}^{n} D_i}{n} \tag{4-16}$$

以 ± 5℃/min 的温度变化速率下采集的光纤陀螺输出为例，去除常值误差后的数据序列如图 4-11 所示。

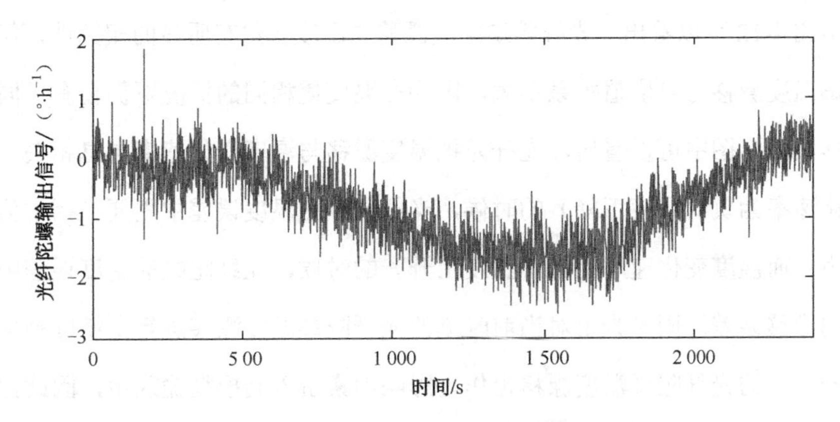

图 4-11　去除常值误差后的光纤陀螺输出信号

去除常值误差后，还需要对信号进行去噪处理，采用第 3 章提出的 LWT-FLP 算法对图 4-11 所示信号进行去噪处理，处理后的结果如图 4-12 所示。

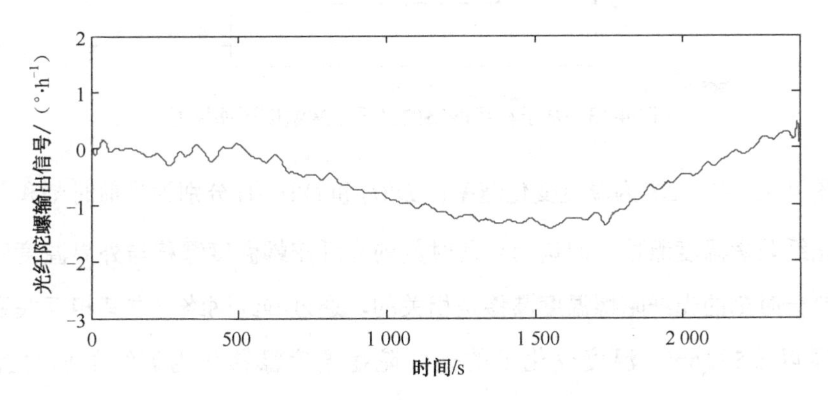

图 4-12　去除噪声之后的光纤陀螺输出信号

图 4-12 所示为去除常值误差和噪声之后的光纤陀螺输出信号，从图中可以看出，光纤陀螺温度漂移具有较强的非线性，多元线性回归模型及本节提出的非线性回归模型（式（4-11））已难以建立高精度的光纤陀螺温度漂移模型，因此在本

节中提出了利用基于遗传算法的 Elman 神经网络来建立模型。

由图 4-12 可以看出，光纤陀螺温度漂移与温度变化有明显的相关性，但是光纤陀螺温度漂移与温度值关系不大，因为在温度值相同的情况下仍会有不同的温度漂移出现。图中可以看出，光纤陀螺温度漂移与温度变化速率息息相关，当温度变化速率为负（温度下降）的时候，光纤陀螺的温度误差中主要包括常值误差和噪声；而温度变化速率为正（温度上升）的时候，光纤陀螺的温度误差中存在较大的漂移误差。同时为了对当前时刻的光纤陀螺温度漂移进行高精度补偿，需将前一时刻的光纤陀螺温度漂移也作为影响因素引入到模型输入中，因此建立了光纤陀螺温度漂移模型，如图 4-13 所示。

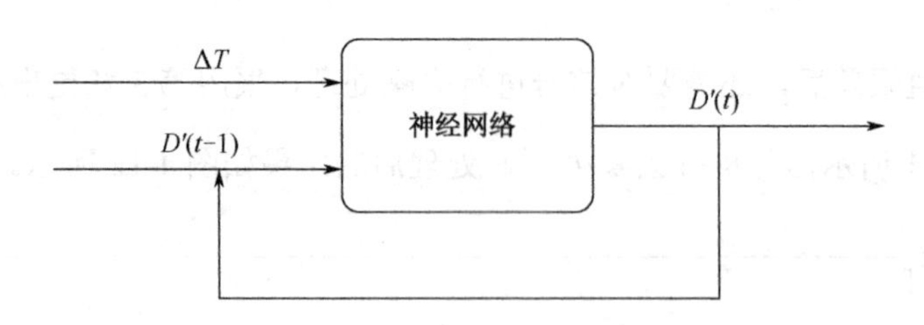

图 4-13　基于神经网络的光纤陀螺温度漂移模型

图 4-13 中，ΔT 为温度变化速率；$D'(t)$ 和 $D'(t-1)$ 分别为当前时刻和前一时刻的光纤陀螺温度漂移。即认为当前时刻的光纤陀螺温度漂移与外界温度变化速率和前一时刻的光纤陀螺温度漂移是相关的，通过神经网络建立其相互关系的模型。现以 ± 5℃/min 温度变化下的光纤陀螺温度漂移作为训练数据对提出的 GA-Elman 神经网络进行训练，利用建立的模型对 ± 8℃/min 温度变化下的光纤陀螺温度漂移进行补偿，并与传统的 Elman 神经网络进行比较，比较结果如图 4-14 所示。

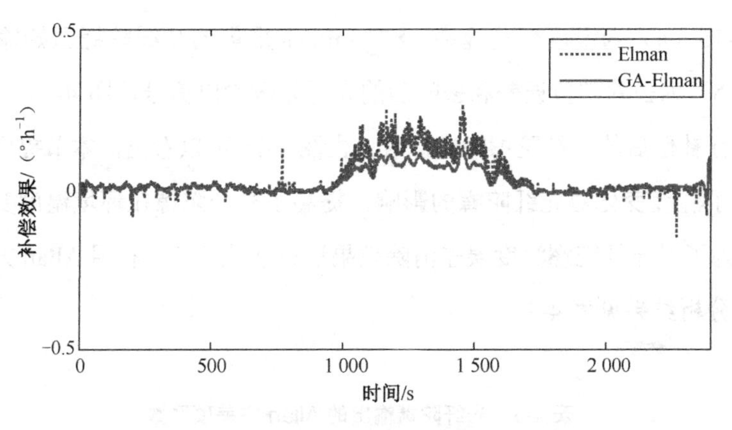

图 4-14　光纤陀螺温度漂移补偿的效果图

由图 4-14 可以看出，与传统 Elman 神经网络相比，GA-Elman 神经网络建模精度更高，能够更好地预测光纤陀螺温度漂移，得到优于传统 Elman 神经网络的补偿结果。

总之，利用本节提出的方法先后有效地去除了光纤陀螺常值误差、噪声和温度漂移，有效地抑制了温度对光纤陀螺输出的影响。光钎陀螺温度误差的消除如图 4-15 所示。

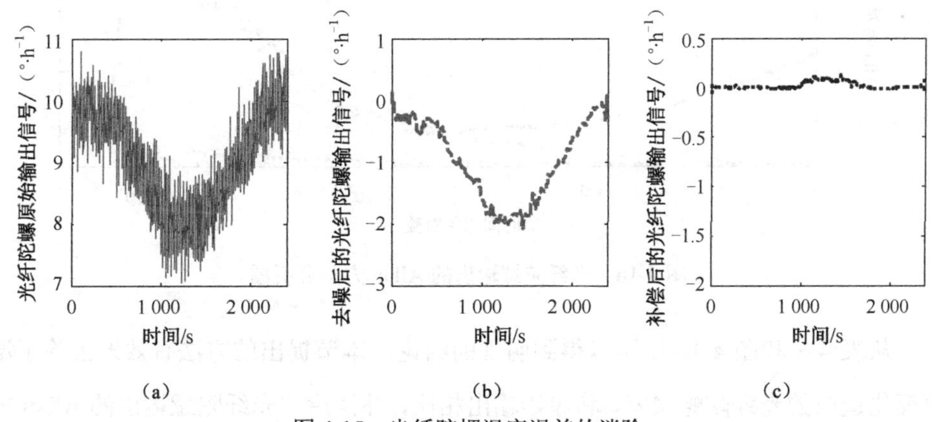

图 4-15　光纤陀螺温度误差的消除

图 4-15（a）为温度变化速率±8℃/min 下采集的光纤陀螺原始输出信号，图 4-15（b）为去除常值误差和去噪后的光纤陀螺输出信号，图 4-15（c）为对温度漂移进行补偿后的光纤陀螺输出信号。由图 4-15 可以看出，本节提出的方法有效地去除了温度变化对光纤陀螺的影响，提高了光纤陀螺在环境温度变化情况下的性能。为了对光纤陀螺温度误差消除效果进行量化评价，利用 Allan 方差法进行了分析，分析结果见表 4-3。

表 4-3　光纤陀螺输出的 Allan 方差项系数

	Allan 方差项系数				
	Q(μrad)	N(^{0}/h$^{1/2}$)	B(^{0}/h)	K(^{0}/h$^{3/2}$)	R(^{0}/h^2)
原始数据	149.37	0.94	28.09	176.34	229
去噪及常值	129.58	0.79	24.52	154.15	197.57
补偿后	1.47	0.01	0.43	7.01	9.77

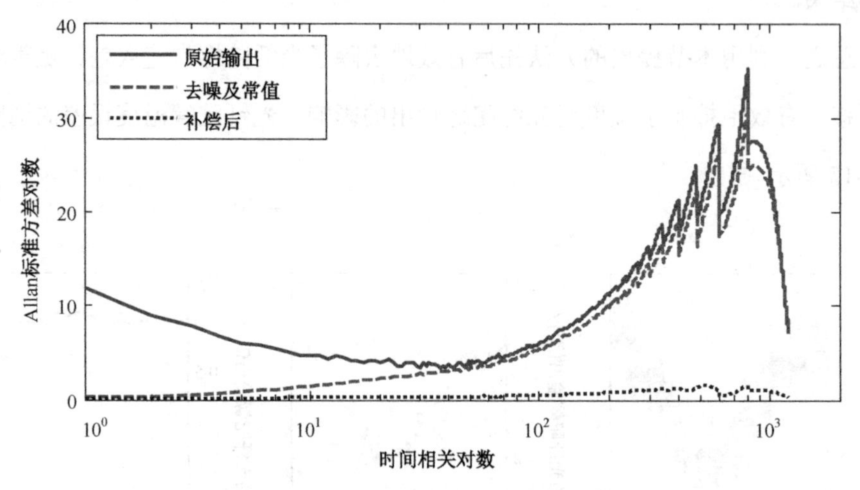

图 4-16　光纤陀螺输出的 Allan 方差分析图

从表 4-3 和图 4-16 中可以得到明确的结论：本节提出的方法有效地去除了温度变化造成的光纤陀螺误差，和原始输出相比，补偿后的光纤陀螺输出的 Allan 方差项系数全面下降，验证了提出的方法的有效性。

4.4 本章小结

温度及温度变化率是引起光纤陀螺误差的主要因素之一，可通过建立数学模型加以补偿，一般针对温度变化引起的光纤陀螺标度因数误差和漂移误差进行建模和补偿。

首先分析了温度对光纤陀螺标度因数的影响，建立了基于输入角速率和温度的双曲线模型，对标度因数进行拟合，随后通过采集实测数据对建立的模型进行验证，验证结果证明了所建模型的准确性。

随后研究了剧烈变化的环境温度对光纤陀螺输出的影响，建立了基于温度变化速率的光纤陀螺温度漂移模型，能够在温度剧烈变化的条件下对光纤陀螺温度漂移进行快速补偿。

最后提出了基于遗传算法的 Elman 神经网络，建立了基于温度变化速率和先验知识的光纤陀螺温度漂移模型。实测数据的验证结果表明，相比于传统的 Elman 神经网络，该模型能够对光纤陀螺温度漂移进行更精确的补偿。

第 5 章

非连续观测组合导航模型与算法

5.1 非连续观测组合导航系统解决思路与典型模型

车载组合导航中，由于 GPS 自身工作特点，当车辆行驶在山区、林区或高楼林立的城区时，由于卫星信号易被遮挡 GPS 出现失锁现象，从而无法与 SINS 进行组合；而当 SINS 长时间连续单独工作时，导航误差会随时间的积累而迅速增加，最终导致组合系统的输出发散，无法满足高精度、高可靠性、持续工作且能适应不同路况的需求。本节将针对这一问题进行研究。

针对车载组合导航 GPS 信号易失锁的问题，国内外专家学者提出了一些切实可行的解决办法，主要分为以下两类。

（1）增加其他传感器或辅助设施。如车载 GPS/INS 组合导航系统与视觉传感器、里程计、地图匹配、路网辅助及车辆协同等方法相结合，这些方法增加了信息来源渠道，在一定程度上很好地弥补了 GPS 失锁造成的影响。但是因为增加了辅助设施，必将会增加成本和系统的复杂性，不利于民用车载的实际应用。

（2）利用人工智能算法对 SINS 误差进行建模并补偿。最典型的思路是：当 GPS 信号可用时，利用人工智能算法对 SINS 误差进行建模；当 GPS 信号失锁时，利用已训练好的模型对 SINS 误差进行补偿。

其中，方法（2）不需要增加额外的辅助设施和硬件设备，方法简单易行，因此是目前研究时所采用的最多的方法。本节也将对该方法进行研究，以保证在 GPS 失锁时也能够维持长时间的车载组合导航系统的高精度。

根据校正方式以及不同的模型输入和输出进行分类，可将目前研究最多、应用最广的模型分为以下三类。

（1）以 SINS 输出、瞬时时间为模型输入，以滤波器估计误差为模型输出。这种模型主要应用于输出校正的组合导航系统。其原理如图 5-1 所示。

图 5-1（a）为 GPS 信号有效时，对人工智能模型进行训练的示意图；图 5-1（b）为 GPS 失锁时，利用训练好的模型对导航误差进行估计并补偿的示意图。根据 SINS 本身的误差特性可知，SINS 的导航误差会随时间增长而不断积累，所以可以把时间作为 SINS 误差的自变量之一。经验证，以 SINS 的导航输出和时间作为输入来预测 SINS 导航误差，充分考虑了时间的影响，取得了良好效果。

（2）以 SINS 输出速度为输入、滤波器估计的速度误差为输出的双滤波器模型。该模型最大的特点在于使用了两个滤波器：一个是速度位置滤波器，当 GPS 信号可用时候，应用该滤波器对速度、位置误差进行估计；另一个是速度滤波器，当 GPS 信号失锁时，可将培训过的人工智能模型的输出作为观测量输入该速度滤波器以对速度误差进行估计。其原理如图 5-2 所示。

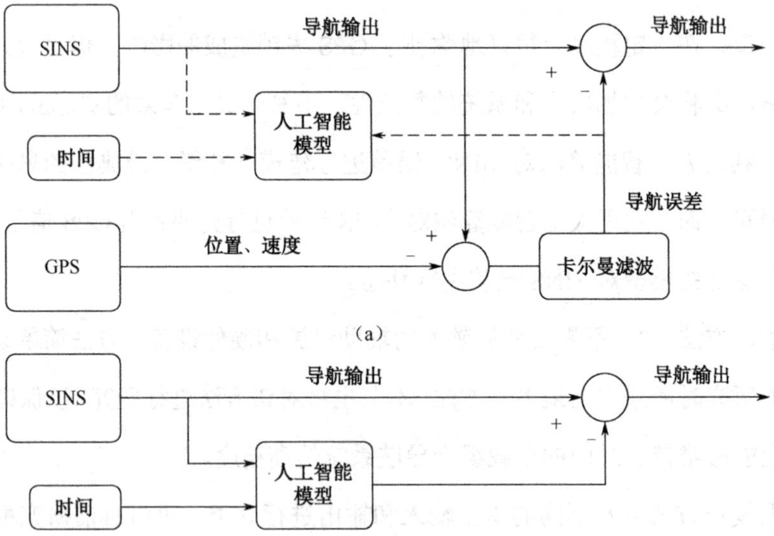

（a）

（b）

图 5-1　模型（1）原理框图

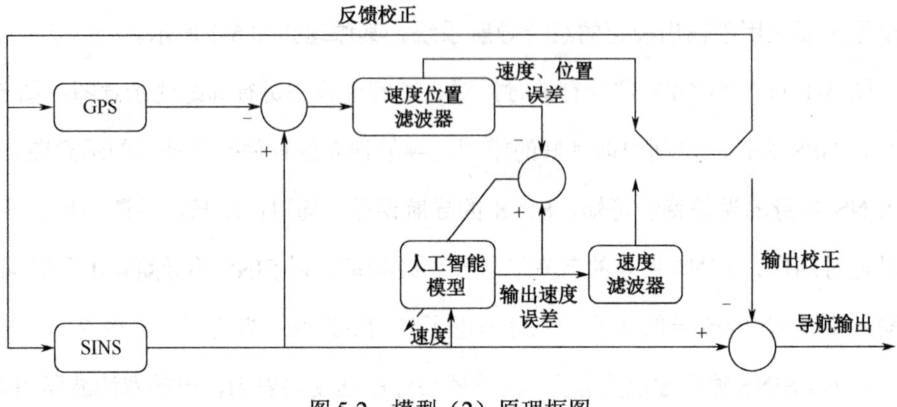

图 5-2　模型（2）原理框图

该方法对 SINS 误差进行了良好的预测和补偿，该模型与其他模型的区别在于：方法（1）所述的模型直接利用人工智能模型的预测对 SINS 误差进行补偿，而该模型则是将模型输出作为观测量，再次输入滤波器中得到最优估计值，利用该估计值对 SINS 误差进行反馈补偿，从而有效抑制了组合导航系统由于 GPS 失锁导致的组合导航系统发散问题。但是由于该模型使用了两个滤波器，结构较为复杂，在一定程度上限制了其在工程上的应用。

（3）以 SINS 中的陀螺和加速度计输出为输入、以滤波器估计误差为输出的模型。其模型如图 5-3 所示。图 5-3（a）为 GPS 信号有效时，对人工智能模型进行训练的示意图；图 5-3（b）为当 GPS 失锁时，利用已训练好的模型对导航误差进行并补偿的示意图。当 GPS/INS 组合导航方式为反馈校正时，即利用滤波器估计 INS 导航误差及陀螺、加速度计的误差并对陀螺、加速度计进行实时反馈校正时，因为每个时刻陀螺和加速度计的输出均会得到校正，所以该模型不用考虑时间累积的影响。

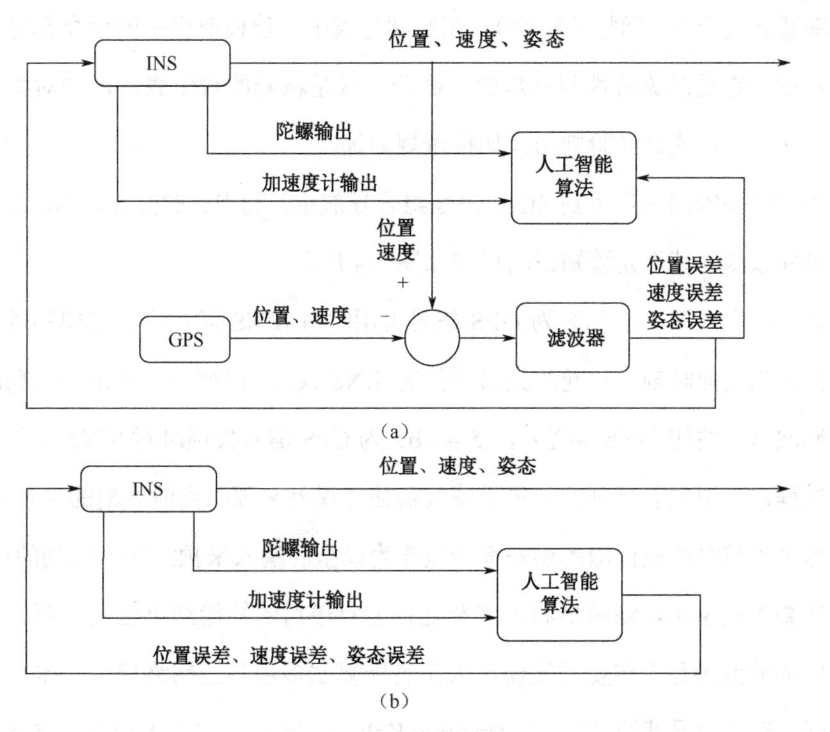

图 5-3　模型（3）原理框图

伊曼纽尔·康德（Immanuel Kant，1724—1804）认为客观物质世界只能给人们带来杂乱无章的感觉，而知识的构成全靠人脑里固有的“先天知识”来加工整理，所以先天形式和后天经验是构成知识的根本要素。先验知识库就是由先期的自主经验积累而形成的知识库，提供当前状态到下一局部最优状态的映射。具体说来，先验知识是指对于学习任务除训练数据外可得到的所有信息，覆盖范围很广。比如：在自动识别字符的应用中，0（阿拉伯数字）和 O（英文字母）非常难以辨识，经常会出现误差。而此时我们用先验知识就可以知道在某种特定语境中出现的只能是某个特定字符。如在一系列阿拉伯数字字符中出现 0（阿拉伯数字）的概率远大于 O（英文字母）；反之，在一系列英文字符中，O（英文字母）出现的概率要远大于 0（阿拉伯数字）。在数学建模中，建模前已知的信息都可以称作先验知识，它是对象特性和机理的一部分，或是精确的数学表达，如对称性、单调性、凹凸性，或是经验判据，如推理规则等。

本节将先验知识应用到 SINS/GPS 组合导航中，利用先验知识对 SINS 误差进行建模并预测。基于先验知识的模型如图 5-4 所示。

图 5-4 中，图 5-4（a）为 GPS 信号可用时对 SINS 误差进行建模的过程，模型的输入为先前时刻卡尔曼滤波器预估的 SINS 误差，模型理想输出为当前时刻卡尔曼滤波器预估的 SINS 误差；图 5-4（b）为 GPS 信号失锁时对 SINS 误差进行补偿的过程，利用先前时刻的卡尔曼滤波器估计误差来预测当前时刻的 SINS 误差，并且每个当前时刻被预测的误差都会被作为模型的输入来预测下一时刻的误差。

在整个模型中，滤波器和人工智能模型对最后的补偿结果至关重要。目前应用最广的滤波器是卡尔曼滤波器，人工智能算法多用神经网络模型。本节提出了利用强跟踪卡尔曼滤波（Strong Tracking Kalman Filter，STKF）作为滤波器、小波神经网络（Wavelet Neural Network，WNN）作为模型来对 GPS 失锁时的 SINS 误差进行预测补偿。

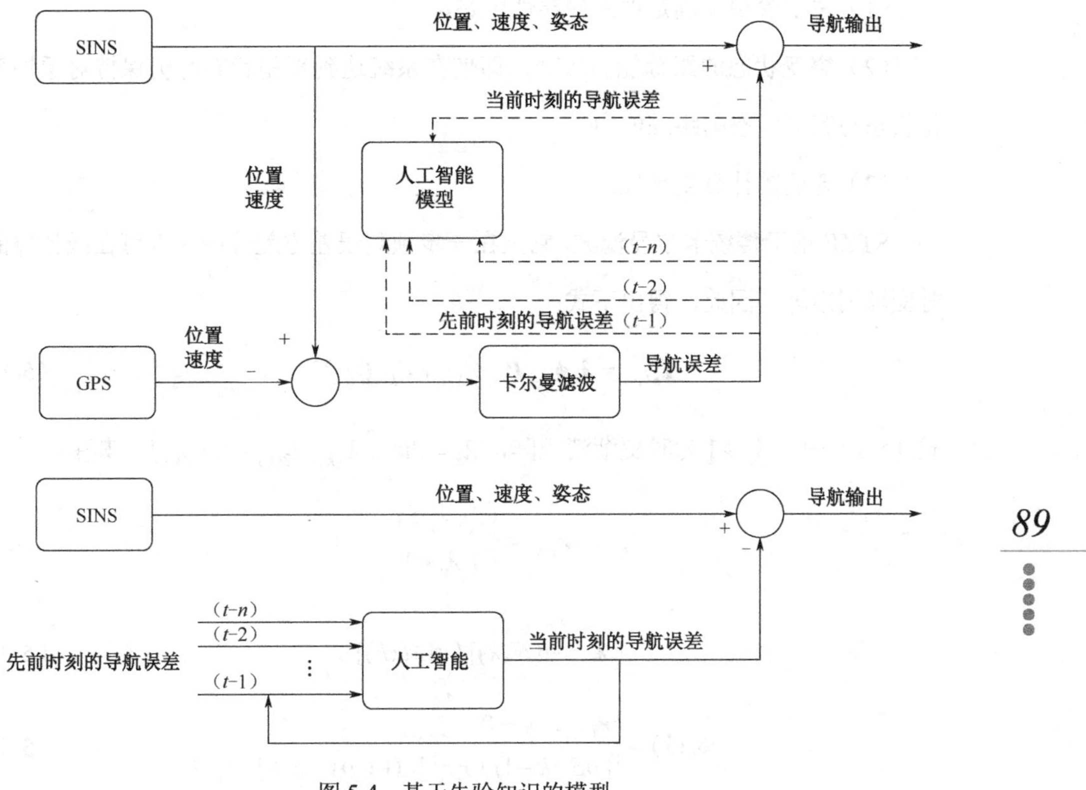

图 5-4　基于先验知识的模型

5.2　卡尔曼滤波与神经网络在非连续观测组合导航中的应用

5.2.1　强跟踪卡尔曼滤波

强跟踪卡尔曼滤波（STKF）是在经典卡尔曼滤波理论的基础上提出的，它能够保证滤波器工作在最佳状态。与传统的卡尔曼滤波相比，STKF 具有以下优点：

（1）关于模型不确定性的鲁棒性更好。

（2）突变状态的跟踪能力极强，即使在系统达到平稳状态时仍保持对缓慢变化状态与突变状态的跟踪能力。

（3）合适的计算复杂性。

STKF 基于传统卡尔曼滤波，它是在一步预测误差方差阵中引入可在线计算的时变渐消矩阵。因此，得出下式：

$$\boldsymbol{P}_{k/k-1}=\boldsymbol{\lambda}_k\boldsymbol{\phi}_{k,k-1}\boldsymbol{P}_{k-1}\boldsymbol{\phi}_{k,k-1}^{\mathrm{T}}+\boldsymbol{\Gamma}_{k-1}\boldsymbol{Q}_{k-1}\boldsymbol{\Gamma}_{k-1}^{\mathrm{T}} \tag{5-1}$$

式（5-1）中，$\boldsymbol{\lambda}_k\geqslant 1$ 为时变渐消矩阵，$\boldsymbol{\lambda}_k=\mathrm{diag}\left[\lambda_{1(k)},\lambda_{2(k)},\cdots,\lambda_{n(k)}\right]$。其中：

$$\boldsymbol{\lambda}_{i(k)}=\begin{cases}\lambda_0,\lambda_0\geqslant 1\\ 1,\lambda_0<1\end{cases} \tag{5-2}$$

$$\boldsymbol{\lambda}_0=\mathrm{tr}[N(k)]/\mathrm{tr}[M(k)] \tag{5-3}$$

$$S_0(k)=\begin{cases}r_0r_0^{\mathrm{T}},\ \ k=0\\ [\rho S_0(k-1)+r_kr_k^{\mathrm{T}}]/(1+\rho),\ \ k\geqslant 1\end{cases} \tag{5-4}$$

$$N(k)=S_0(k)-H_{k-1}Q_{k-1}H_{k-1}^{\mathrm{T}}-\beta R_k \tag{5-5}$$

$$M(k)=H_{k-1}A_{k-1}P_{k-1/k-1}A_{k-1}^{\mathrm{T}}H_{k-1}^{\mathrm{T}} \tag{5-6}$$

式（5-6）中，ρ 为遗忘因子，$0<\rho\leqslant 1$；β 为软化系数，$\beta\geqslant 1$。在本节中，ρ 和 β 都是根据经验选取的。当运动状态发生突变时，估计误差 $r_kr_k^{\mathrm{T}}$ 的增大将引起误差方差矩阵 $\boldsymbol{S}_0(k)$ 增大，相应的加权系数 $\lambda_{i(k)}$ 变大，从而使滤波器的跟踪能力增强，可靠性提高。实际上，STKF 的充分条件是通过实时调整滤波增益矩阵 $\boldsymbol{K}_k$，使得

$E\left(\boldsymbol{r}_k\boldsymbol{r}_j^{\mathrm{T}}\right)=0(k=0,1,\cdots;\ j=1,2,\cdots)$ 成立，这样便使残差序列适时保持正交，可强迫 STKF 保持对系统实际状态的跟踪。当 $\lambda_{i(k)}\equiv 1(i=1,2,\cdots,n)$ 时，STKF 也就退化为传统卡尔曼滤波算法。STKF 算法的流程图如图5-5所示。

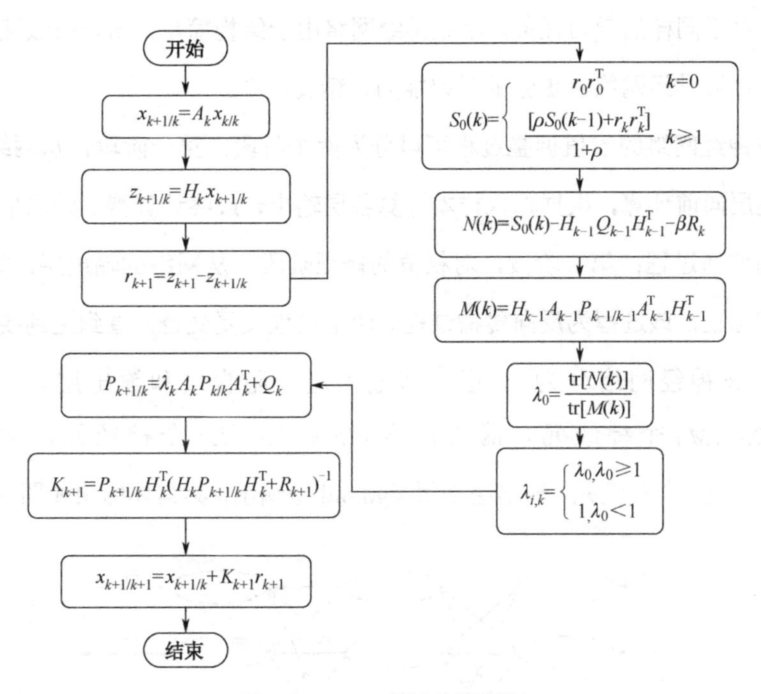

图 5-5　STKF 算法的流程图

5.2.2　小波神经网络

小波神经网络是基于小波分析的一种新型神经网络模型，它将小波与神经网络两者的优点结合在一起，具有更好的性能。一方面，小波变换通过尺度伸缩和平移对信号进行多尺度分析，能有效地提取信号的局部信息；另一方面，神经网络本身具有自学习、自分析和容错性强的优点，并且是一类通用函数逼近器。因此小波神经网络具有更强的逼近和容错能力。相比其他前向神经网络，小波神经网络具有以下明显优点：

（1）小波神经网络的基元和整个结构是依据小波分析理论确定的，从而可以有效避免 BP 神经网络等在结构设计上的盲目性。

（2）对于同样的学习任务，小波神经网络由于结构简单，所以收敛速度更快。

（3）小波神经网络有更强的学习能力，精度更高。

小波神经网络的权值调整过程可以分为两个阶段：第一阶段，从网络的输入层开始逐层向前计算，根据输入样本计算各层输出，最终计算得到输出层的输出，这是前向传播过程；第二阶段，对权值的修正阶段，从网络的输出层开始向后进行计算和修正，该过程为反向传播过程。两个过程反复交替，直到达到要求为止。

设小波神经网络分为 3 层，即输入层、隐含层和输出层。输入层有 $m(m=1,2,\cdots,M)$ 个神经元，隐含层有 $k(k=1,2,\cdots,K)$ 个神经元，输出层有 $n(n=1,2,\cdots,N)$ 个神经元，输出层采用 sigmoid 型输出，其具体结果如图 5-6 所示。

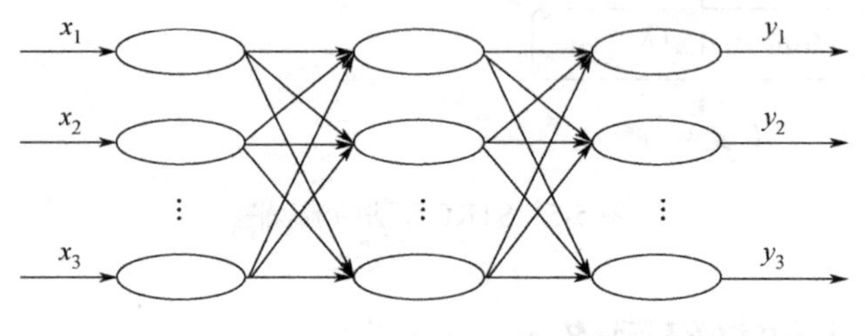

图 5-6　小波神经网络结构

隐含层选取的神经元激励函数为 Morlet 小波，其表达式为。

$$h\left(\frac{x-b}{a}\right)=\cos\left(1.75\frac{x-b}{a}\right)\exp\left[-0.5\left(\frac{x-b}{a}\right)^2\right] \tag{5-7}$$

训练时，将动量项加入权值和阈值的修正算法中，利用前一步得到的修正值来平滑学习路径，这样可以有效避免陷入局部极小值的情况，加快学习速度。为了避免在逐个样本训练过程中引起权值和阈值修正导致的振荡，因此采用成批训练方法，即将一批样本所产生的修正值累积后进行处理。对网络的输出采用先对网络隐含层小波节点的输出加权求和，再经 Sigmoid()函数变换后，得到最终的网络输出。这样有利于处理分类问题，同时有效避免训练过程中的发散。

给定 $p(p=1,2,\cdots,P)$ 组输入/输出样本，学习速率为 $\eta(\eta>0)$，动量因子为 $\lambda(0<\lambda<1)$，根据最快下降法的基本思想，可将目标误差函数定义为：

$$E=\sum_{p=1}^{P}E^{p}=\frac{1}{2P}\sum_{p=1}^{P}\sum_{n=1}^{N}(d_{n}^{p}-y_{n}^{p}) \tag{5-8}$$

式（5-8）中，d_n^p 为输出层第 n 个节点的期望输出；y_n^p 为网络的实际输出。

算法的目的就是不断调整各参数项，使得 E 达到最小值。由网络层结构可确定隐含层输出为

$$O_{k}^{p}=h\left(\frac{I_{k}^{p}}{\alpha_{k}}\right),\ I_{k}^{p}=\sum_{m=1}^{M}w_{\mathrm{km}}x_{m}^{p} \tag{5-9}$$

式（5-9）中，$h()$ 为 Morlet 小波函数；x_m^p 为输入层的输出；O_k^p 为隐含层的输出；w_{km} 为输入层节点 m 与隐含层节点 k 之间的权值。

输出层的输出为：

$$y_{n}^{p}=f\left(I_{n}^{p}\right),\ I_{n}^{p}=\sum_{n=1}^{N}w_{\mathrm{nk}}O_{k}^{p} \tag{5-10}$$

式（5-10）中，$f()$ 为 Morlet 小波函数；I_n^p 为输出层的输入；w_{nk} 为隐含层节点 k 与输出层节点 n 之间的权值。

小波神经网络的训练算法能够逐步更新神经元之间的连接权值及小波函数的伸缩因子和平移因子，它们的推导式如下。

首先，隐含层与输出层之间的权值调整式为

$$w_{\mathrm{nk}}^{\mathrm{new}}=w_{\mathrm{nk}}^{\mathrm{old}}+\eta\sum_{m=1}^{P}\delta_{\mathrm{nk}}+\lambda\Delta_1 w_{\mathrm{nk}}^{\mathrm{old}} \tag{5-11}$$

式（5-11）中，$\delta_{nk}=\dfrac{\partial E_n^P}{\partial w_{\mathrm{nk}}}=(d_n^p-y_n^p)y_n^p(1-y_n^p)$；$w_{\mathrm{nk}}^{\mathrm{old}}$、$w_{\mathrm{nk}}^{\mathrm{new}}$分别表示调整前与调整后的隐含节点$k$与输出层节点$n$之间的连接权值；$\Delta_1 w_{\mathrm{nk}}^{\mathrm{old}}$为动量项。

$$w_{\mathrm{km}}^{\mathrm{new}}=w_{\mathrm{km}}^{\mathrm{old}}+\eta\sum_{m=1}^{P}\delta_{\mathrm{km}}+\Delta_1 w_{\mathrm{km}}^{\mathrm{old}} \tag{5-12}$$

式（5-12）中，$\delta_{km}=\dfrac{\partial E_n^P}{\partial w_{\mathrm{km}}}=\sum_{n=1}^{N}(\delta_{\mathrm{nk}}w_{\mathrm{nk}})\dfrac{\partial O_k^P}{\partial \alpha_k}x_m^p$；$w_{\mathrm{km}}^{\mathrm{old}}$、$w_{\mathrm{km}}^{\mathrm{new}}$分别为调整前与调整后的输入层节点$m$与隐含层节点$k$之间的权值；$\Delta_1 w_{km}^{\mathrm{old}}$为动量项。

$$a_k^{\mathrm{new}}=a_k^{\mathrm{old}}+\eta\sum_{m=1}^{P}\delta_{\mathrm{am}}+\lambda\Delta_1 a_k^{\mathrm{old}} \tag{5-13}$$

式（5-13）中，$\delta_{\mathrm{ak}}=\dfrac{\partial E_n^P}{\partial a_k}=\sum_{n=1}^{N}(\delta_{nk}w_{nk})\dfrac{\partial O_k^P}{\partial a_k}$；$a_k^{\mathrm{old}}$、$a_k^{\mathrm{new}}$分别为调整前后的伸缩因子；$\Delta_1 a_k^{\mathrm{old}}$为伸缩因子动量项。

$$\delta_{bk}=\frac{\partial E_n^P}{\partial b_k}=\sum_{n=1}^{N}(\delta_{nk}w_{nk})\frac{\partial O_k^P}{\partial b_k} \tag{5-14}$$

式（5-14）中，$b_k^{\mathrm{new}}=b_k^{\mathrm{old}}+\eta\sum_{m=1}^{P}\delta_{\mathrm{bm}}+\lambda\Delta_1 b_k^{\mathrm{old}}$；$b_k^{\mathrm{old}}$、$b_k^{\mathrm{new}}$分别为调整前后的平移因子；$\Delta_1 b_k^{\mathrm{old}}$为平移因子动量项。

小波神经网络学习算法的具体实现步骤如下：

（1）网络参考的初始化，对小波的伸缩因子a_k、平移因子b_k、网络连接权值w_{km}和w_{nk}、学习速率$\eta(\eta>0)$及动量因子$\lambda(0<\lambda<1)$赋予初值，并置输入样本计算器

$p=1$。

（2）输入学习样本集相应的期望输出 d_n^p。

（3）计算隐含层及输出层的输出。

（4）计算误差和梯度向量。

（5）输入下一个样本，即 $p=p+1$。

（6）判断算法是否结束：当 $E<\varepsilon$ 时，即代价函数 E 小于预先设定的某个值 $\varepsilon(\varepsilon>0)$ 时停止网络学习过程；否则将 p 重置为 1，继续步骤（2）。

5.2.3 实验结果与分析

上文中介绍了基于先验知识的 SINS 误差补偿模型和模型中所用的算法，本节便对其进行验证。首先进行车载 SINS/GPS 组合导航实验，所用 GPS 接收机为 Venus628LP 单芯片接收机，采样频率为 1Hz；所用 SINS 为基于光纤陀螺的惯导产品，采样频率为 100Hz。车载 SINS/GPS 示意图如图 5-7 所示。

图 5-7 车载 SINS/GPS 示意图

为方便观察，将行车路径由大地坐标系转换为平面直角坐标系中。平面直角坐标系中的行车路径如图 5-8 所示。

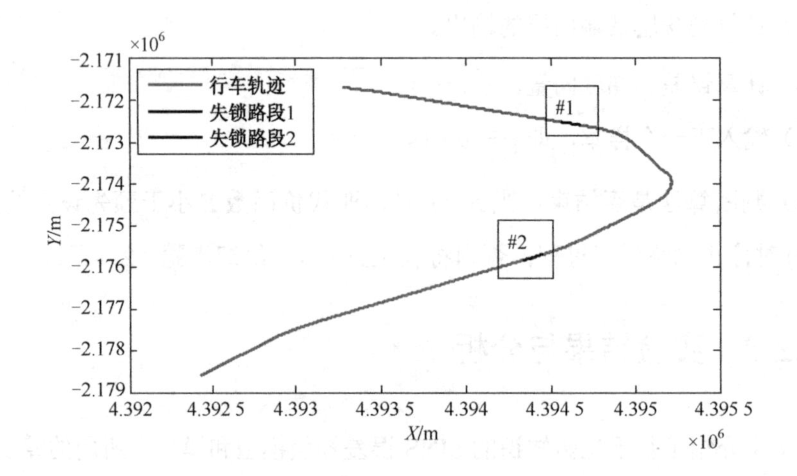

图 5-8　车载 SINS/GPS 行车路线图

图 5-8 中，#1 和#2 为 GPS 失锁路段。当 GPS 失锁时，组合系统中只有 SINS 单独工作，由于自身传感器特性，SINS 的误差会随时间积累。利用上文提出的算法建立 SINS 误差补偿模型，并与传统的方法进行比较。

（1）不同模型之间的比较：针对 GPS 失锁时的 SINS 误差补偿，本节提出了基于先验知识的误差模型，即利用先前时刻的滤波器估计值来预测当前时刻的估计值。为了验证模型的有效性与先进性，在算法相同的情况下（STKF/RBF 算法），选择了目前应用最广泛的以 SINS 中的陀螺和加速度计输出（Output）为输入、以滤波器估计位置误差（Positon Error）为输出的模型（O-P 模型）来进行比较。本节提出的模型是利用之前时刻滤波器估计的位置误差（Position Error）来预测当前时刻的位置误差（Position Error），因此简称为 P-P 模型。比较结果如图 5-9 所示。

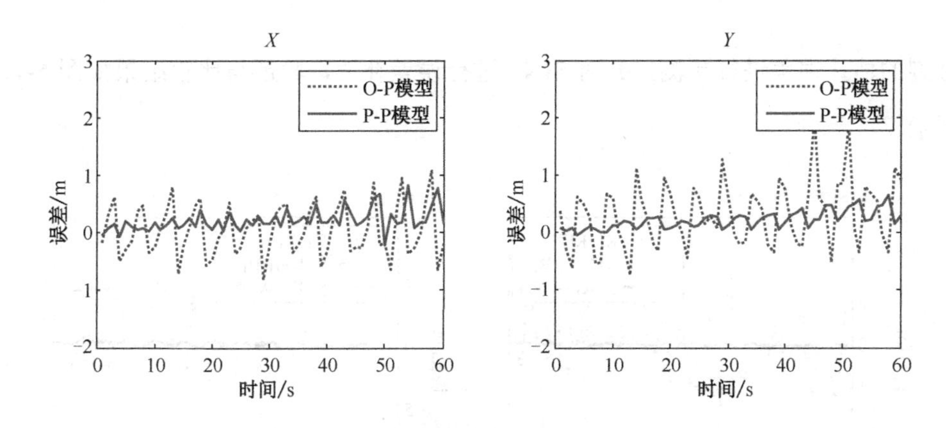

图 5-9　不同模型之间的比较结果

由图 5-9 可以看出，利用本节提出的模型，在 *X* 和 *Y* 方向均能够获得优于传统 O-P 模型的预测结果。为了更直观地体现 P-P 模型的优越性，提出了利用平均绝对误差（Mean Absolute Error，MAE）来反映预测误差，如图 5-10 所示。

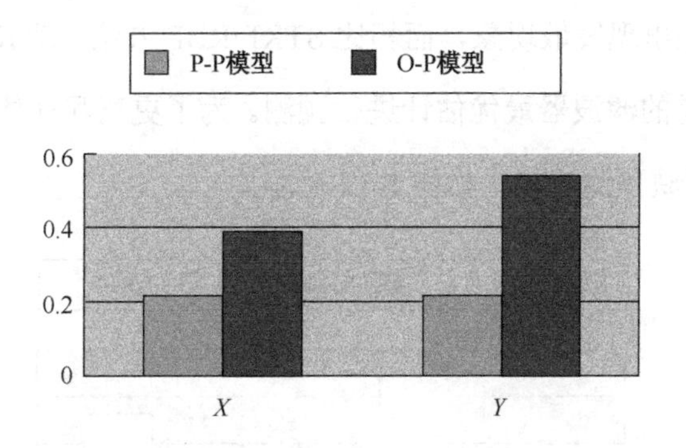

图 5-10　平均绝对误差值的比较（MAE/m）

（2）算法的验证与比较：随后，在应用同一模型（P-P 模型）的基础上，对本节提出的算法进行验证，并与传统算法进行比较。当 GPS 信号可用时，以先前时刻的滤波器输出的估计误差为模型输入、以当前时刻的滤波器输出的估计误差为模型输出对模型进行训练；当 GPS 信号不可用时，利用已训练好的模型对当前时刻的估计误差进行预测，并对 SINS 进行误差补偿，验证与比较结果如图 5-11 所示。

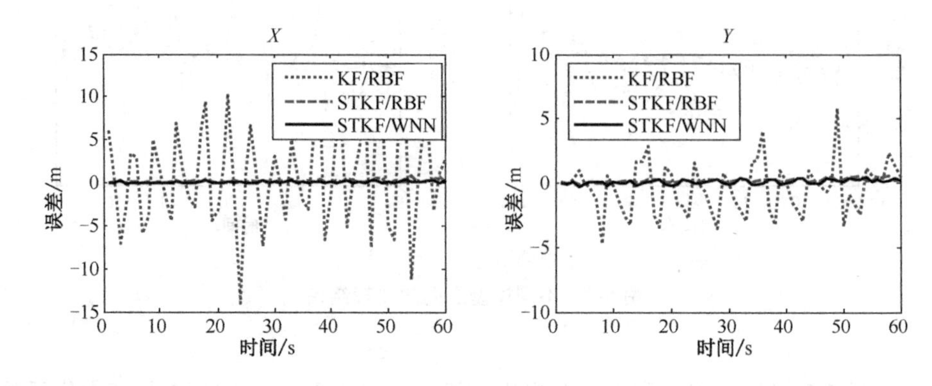

图 5-11 不同算法之间的比较结果（同一模型）

由图 5-11 可以看出，相比传统算法，由于卡尔曼滤波器自身性能等原因，基于 KF/RBF 的算法出现发散现象，而相比 STKF/RBF 方法，STKF/WNN 算法能够更好地对位置误差的滤波器最优估计进行预测。为了更直观地体现算法的优越性，同样利用 MAE 反映预测误差，如图 5-12 所示。

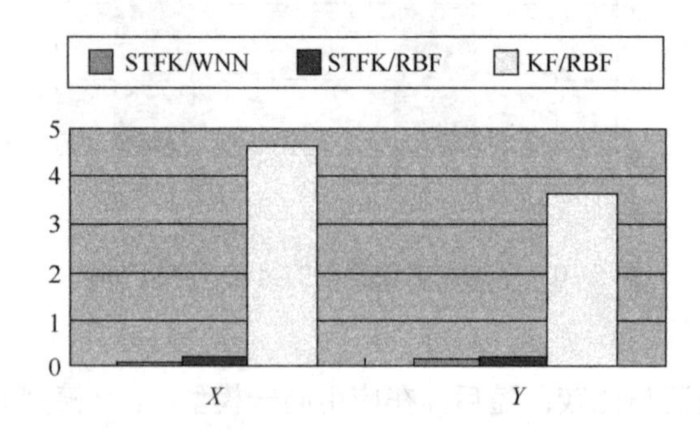

图 5-12 平均绝对误差值的比较（MAE/m）

（3）GPS 失锁阶段的最终补偿结果：利用本节提出的基于先验知识的模型和STKF/WNN 算法对 GPS 失锁阶段的 SINS 误差进行补偿，补偿结果如图 5-13 所示。

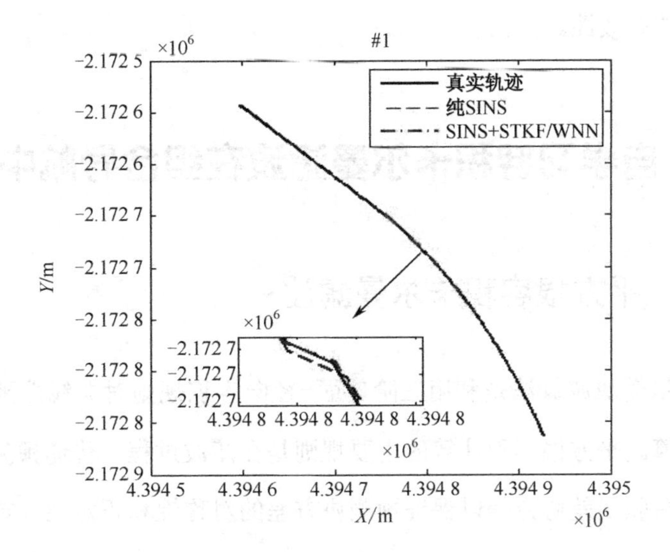

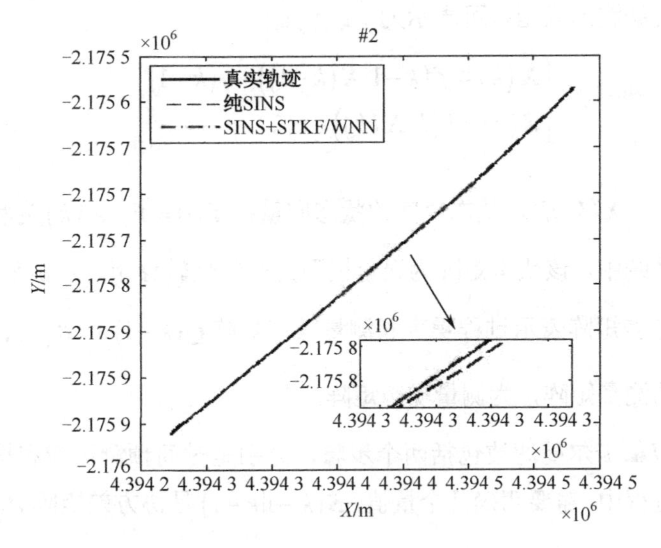

图 5-13　误差补偿效果图

由图 5-13 可知，在 GPS 失锁阶段，纯 SINS 的导航结果存在一定误差，对该误差进行补偿后，得到了与真实轨迹重合度较好的结果，充分验证了本节提出的模型和算法的有效性。

5.3 自学习容积卡尔曼滤波在组合导航中的应用

5.3.1 平方根容积卡尔曼滤波

容积卡尔曼滤波算法是利用三阶球面-径向容积规则对非线性函数进行高斯近似积分计算。平方根容积计算的主要规则是在滤波过程中传递预测误差协方差的平方根和后验误差协方差以保证预测协方差的对称性和正定性。首先，需要建立离散卡尔曼滤波的模型，可表示为

$$\begin{cases}\boldsymbol{X}(k)=\boldsymbol{f}\left(k-1,\boldsymbol{X}(k-1)\right)+\boldsymbol{q}(k-1)\\ \boldsymbol{Z}(k)=\boldsymbol{h}\left(k,\boldsymbol{X}(k)\right)+\boldsymbol{r}(k)\end{cases} \tag{5-15}$$

式（5-15）中，$\boldsymbol{X}(k)$ 表示状态空间的状态向量；$\boldsymbol{f}(\cdot)=\boldsymbol{F}_n\cdot\boldsymbol{X}(k)$ 为状态矩阵，在非线性滤波系统中，该状态矩阵为误差模型的非线性转移矩阵；$\boldsymbol{q}(k-1)$、$\boldsymbol{r}(k)$ 用零均值和协方差矩阵表示过程噪声和测量噪声矩阵 $\boldsymbol{Q}(k-1)$ 和 $\boldsymbol{R}(k)$；$\boldsymbol{h}(\cdot)$ 为融合位置和速度的测量矩阵，为测量噪声矩阵。

平方根容积卡尔曼滤波包括两个步骤，分别是时间预测更新和量测更新。在传递计算的过程中，需要明确几个量值。$\boldsymbol{S}(k-1|k-1)$ 是协方差矩阵 $\boldsymbol{P}(k-1|k-1)$ 的平方根。两者之间的计算关系可表示为

$$\boldsymbol{P}(k-1|k-1)=\boldsymbol{S}(k-1|k-1)\boldsymbol{S}^{\mathrm{T}}(k-1|k-1) \tag{5-16}$$

$\boldsymbol{S}_R(k)$ 和 $\boldsymbol{S}_Q(k-1)$ 分别表示 $\boldsymbol{Q}(k-1)$ 和 $\boldsymbol{R}(k)$ 的平方根因子，它们的计算关系可表示为：

$$\boldsymbol{Q}(k-1)=\boldsymbol{S}_Q(k-1)\boldsymbol{S}_Q^{\mathrm{T}}(k-1) \tag{5-17}$$

$$\boldsymbol{R}(k)=\boldsymbol{S}_R(k)\boldsymbol{S}_Q^{\mathrm{T}}(k) \tag{5-18}$$

步骤一：时间更新。

首先，计算容积点 $\chi^i(k-1|k-1)$。

$$\chi^i(k-1|k-1)=S(k-1|k-1)\cdot I(i)+\hat{X}(k-1|k-1),\quad i=1,\cdots,2n \tag{5-19}$$

$$I(i)=\begin{cases}\sqrt{n}[1]_i, & i=1,\cdots,n\\ -\sqrt{n}[1]_{i-n}, & i=n+1,\cdots,2n\end{cases}$$

式（5-19）中，$\sqrt{\boldsymbol{n}}[\mathbf{1}]_i$ 表示 $n\times n$ 的单位矩阵第 i 个列向量。

然后，计算传播容积点 $\chi^{i*}(k|k-1)$：

$$\chi^{i*}(k|k-1)=f\left(k-1,\chi^i(k-1|k-1)\right),\quad i=1,\cdots,2n \tag{5-20}$$

最后，估计前一时刻相对于当前时刻的先验状态和相应的协方差矩阵的平方根：

$$\hat{X}(k|k-1)=\frac{1}{2n}\sum_{i=1}^{2n}\chi^{i*}(k|k-1) \tag{5-21}$$

$$S(k|k-1)=\mathrm{Tria}\left(\left[X^*(k|k-1),S_Q(k-1)\right]\right) \tag{5-22}$$

$$X^*\left(k|k-1\right)=\frac{1}{\sqrt{2n}}[\chi^{1*}\left(k|k-1\right)-\hat{X}\left(k|k-1\right),\cdots,\chi^{2n*}\left(k|k-1\right)-\hat{X}\left(k|k-1\right)],i=1,\cdots,2n \tag{5-23}$$

$\text{Tria}(\cdot)$ 表示三角矩阵，$X^*\left(k|k-1\right)$ 可由式（5-23）计算得到。

步骤二：量测更新。

首先，同样需要计算容积点和传播容积点：

$$\chi^i\left(k|k-1\right)=S\left(k|k-1\right)\cdot I\left(i\right)+\hat{X}\left(k|k-1\right),i=1,\cdots,2n \tag{5-24}$$

$$\chi^{i**}\left(k|k-1\right)=h\left(k,\chi^i\left(k|k-1\right)\right),i=1,\cdots,2n \tag{5-25}$$

然后估计先验量测量和对应的协方差矩阵的平方根 $S_{zz}\left(k|k-1\right)$，更新的量测值 $Z\left(k|k-1\right)$ 计算得到：

$$\hat{Z}\left(k|k-1\right)=\frac{1}{2n}\sum_{i=1}^{2n}\chi^{i**}\left(k|k-1\right) \tag{5-26}$$

$$S_{zz}\left(k|k-1\right)=\text{Tria}\left(\left[Z\left(k|k-1\right),S_R\left(k\right)\right]\right) \tag{5-27}$$

$$Z\left(k|k-1\right)=\frac{1}{\sqrt{2n}}[\chi^{1**}\left(k|k-1\right)-\hat{Z}\left(k|k-1\right),\cdots,\chi^{2n**}\left(k|k-1\right)-\hat{Z}\left(k|k-1\right)],i=1,\cdots,2n \tag{5-28}$$

接着，计算交叉协方差矩阵 $S_{xz}\left(k|k-1\right)$，更新的当前时刻的预测状态量 $X\left(k|k-1\right)$ 可由式（5-30）求得。

$$S_{xz}\left(k|k-1\right)=X\left(k|k-1\right)Z^T\left(k|k-1\right) \tag{5-29}$$

$$X\left(k\middle|k-1\right)=\frac{1}{\sqrt{2n}}[\chi^{1}\left(k\middle|k-1\right)-\hat{X}\left(k\middle|k-1\right),\cdots,$$
$$\chi^{2n}\left(k\middle|k-1\right)-\hat{X}\left(k\middle|k-1\right)],i=1,\cdots,2n \tag{5-30}$$

最后，计算卡尔曼滤波增益，估计当前时刻的先验状态量和当前时刻后验协方差的平方根$S\left(k\middle|k\right)$。

$$K\left(k\right)=\left(S_{xz}\left(k\middle|k-1\right)/S_{zz}^{T}\left(k\middle|k-1\right)\right)/S_{zz}\left(k\middle|k-1\right) \tag{5-31}$$

$$\hat{X}\left(k\middle|k\right)=\hat{X}\left(k\middle|k-1\right)+K\left(k\right)\left(Z\left(k\right)-\hat{Z}\left(k\middle|k-1\right)\right) \tag{5-32}$$

$$S\left(k\middle|k\right)=\mathrm{Tria}\left(\left[X\left(k\middle|k-1\right)-K\left(k\right)Z\left(k\middle|k-1\right),K\left(k\right)S_{R}\left(k\right)\right]\right) \tag{5-33}$$

5.3.2 长短时记忆神经网络

长短时记忆神经网络（Long-Short Term Memory Neural Network，LSTM）是一种基于时间序列信息的预测算法，递归神经网络（Recursive Neural Network，RNN）只能记忆信息序列中的短距离信息。LSTM 的特殊结构让 LSTM 网络拥有了记忆长距离信息的能力。和人脑记忆信息的方式类似，行为关键语句是一种有时间顺序性的数据，行为信息是长距离信息。和 RNN 不同的是，LSTM 在 RNN 的基础上添加了一个能保持长距离信息的状态单元（Cell State），网络主要由输入门（Input Gate）、遗忘门（Forget Gate）和输出门（Output Gate）组成，这样设计是为了避免神经网络在隐藏层梯度计算时由于链式法则造成的梯度消失和梯度爆炸问题。每个门都有自己的作用，输入门主要是指定添加到状态单元的信息，自循环式连接层确保从一个门到另一个门中状态单元信息保持不变；遗忘门调节状态单元的连接层信息，并定义从细胞中删除的信息状态；输出门输出的是从状态单元输出的信息，同时输出门也可影响到状态单元的信息。长短时记忆神经网络的结构示意图如图 5-14 所示。

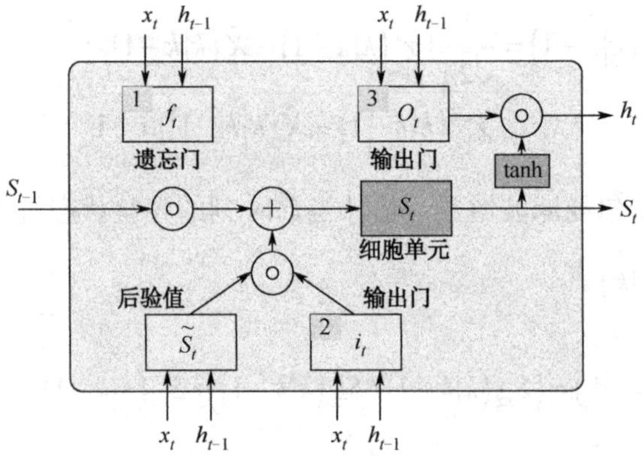

图 5-14　长短时记忆神经网络的结构示意图

$$f_t = \text{sigmoid}\left(W_f x_t + U_f h_{t-1} + b_f\right) \tag{5-34}$$

$$\tilde{C}_t = \tanh\left(W_c x_t + U_c h_{t-1} + b_c\right) \tag{5-35}$$

$$i_t = \text{sigmoid}\left(W_i x_t + U_i h_{t-1} + b_f\right) \tag{5-36}$$

$$C_t = f_t \circ C_{t-1} + i_t \circ \hat{C}_t \tag{5-37}$$

$$o_t = \text{sigmoid}\left(W_o x_t + U_o h_{t-1} + b_o\right) \tag{5-38}$$

$$h_t = o_t \circ \tanh\left(C_t\right) \tag{5-39}$$

以上各式中，x_t 是 t 时刻记忆细胞的输入量，b_i、b_f、b_c、b_o 表示偏置向量；$\circ$ 表示元素乘操作；W_i、W_f、W_c、W_o、U_f、U_c、U_o 表示权重矩阵；$\text{sigmoid}(\cdot)$ 指的是按元素的 sigmoid 函数。首先，利用式（5-35）和式（5-36）计算 t 时刻输入门的值和状态单元的后验值。然后，计算 f_t 的值，同时激活遗忘门单元。通过 i_t、$\tilde{C}_t$ 和 f_t 的值计算更新之后 t 时刻的记忆单元状态量。在最后的计算步骤中，输出门的值可以用内存单元的更新状态来计算。

5.3.3 自学习容积卡尔曼滤波

面向智能车辆对导航定位技术智能化的需求，为了解决卫星信号失锁条件下GPS/INS无缝导航问题，本节提出了一种新型的基于自学习容积卡尔曼滤波的GPS/INS组合导航方法。该方法将GPS/INS组合导航系统运行阶段分成训练阶段和误差补偿阶段，训练阶段为GPS信号有效的阶段，在GPS信号良好的情况下利用LSTM（Long-Short Term Memory）网络分别建立导航系统观测量预测模型和最优估计误差模型，利用由两个循环滤波子系统构成的自学习卡尔曼滤波器，以INS与GPS的速度之差、位置之差为观测量对INS的速度误差、位置误差进行最优估计，实现自学习功能；误差补偿阶段为面对复杂环境GPS信号失锁阶段，此时卡尔曼滤波器已具有自学习的功能，可充分信任长短时记忆神经网络的预测结果，并对导航系统进行补偿，提高GPS失锁环境下传统智能车辆导航定位方法的精度。可用于城市、室内、地下矿井等复杂密闭卫星信号拒止环境下的长距离高精度导航定位。自学习容积卡尔曼滤波主要包括以下几个部分，具体框图如图5-15所示。

（1）训练步骤：当GPS正常工作时，利用两个循环滤波网络，以INS与GPS的速度之差、位置之差为观测量对INS的速度误差、位置误差进行最优估计；所述两个循环滤波网络的每一个均包含一个LSTM神经网络和一个CKF滤波器，用于实现自学习功能。

在图5-15中，当GPS信号可用时，第一个循环滤波网络利用CKF1对INS误差进行最优估计，其系统状态量为INS输出的k时刻位置和速度（$P_{\text{INS}}(k), V_{\text{INS}}(k)$），系统观测量为INS和GPS的速度之差、位置之差（D_p, D_v），输出的最优估计为（$\delta_{p_1}, \delta_{v1}$）。利用LSTM1学习过去时刻CKF1增益和当前时刻系统观测量之间的关系，从而对系统观测量进行预测，其输入为$t-n, t-(n-1), \cdots, t-1$时刻CKF1的增益（$K'_{t-n}(p,v),...,K'_{t-1}(p,v)$），输出为 t 时刻的系统观测量（$D_{p'},D_{v'}$）。

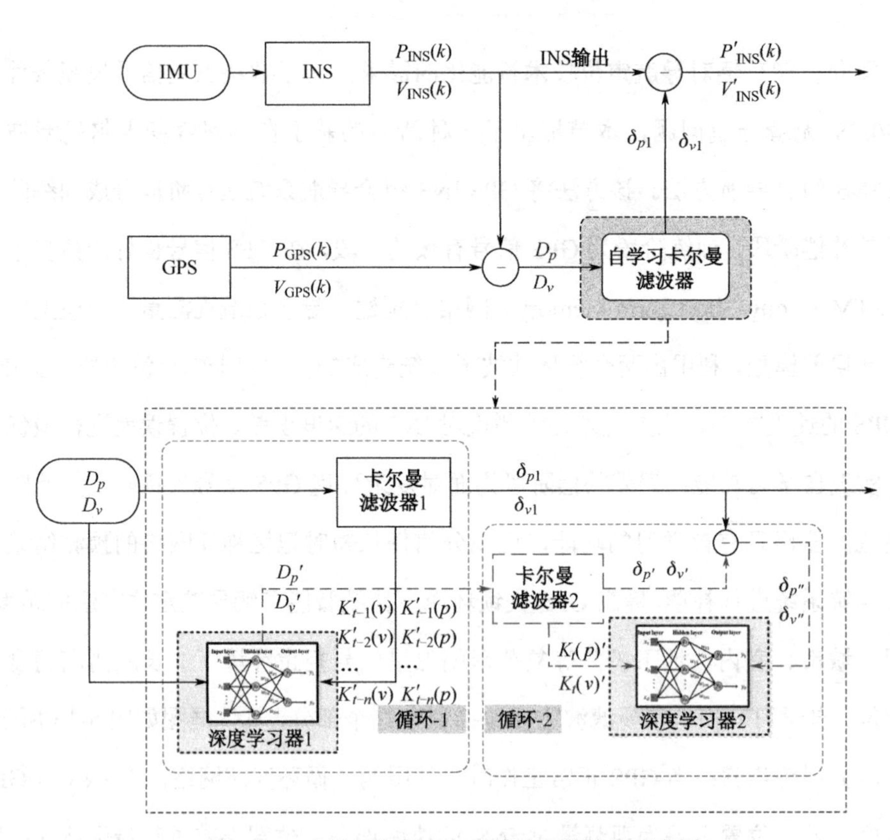

图 5-15　自学习容积卡尔曼滤波训练阶段示意图

LSTM1 预测产生的（$D_{p'},D_{v'}$）作为第二个循环滤波网络中 CKF2 的系统观测量，CKF2 的系统状态量与 CKF1 相同，输出的最优估计为（$\delta_{p'},\delta_{v'}$）；并且第二循环滤波网络利用 LSTM2 学习当前时刻 CKF2 增益和当前时刻 CKF2 最优估计误差值之间的关系，并预测 CKF2 输出的最优估计的误差值（$\delta_{p''},\delta_{v''}$）为

$$\begin{cases}\delta_{p''}=\delta_{p1}-\delta_{p'}\\ \delta_{v''}=\delta_{v1}-\delta_{v'}\end{cases} \tag{5-40}$$

LSTM1 的训练过程为：将设定的前 n 个时刻的滤波器增益 $x_t=\left[K'_{t-n}(p,v),...,K'_{t-1}(p,v)\right]$ 输入到 LSTM1 神经网络中存储单元的输入门（i_t）中训练，经过遗忘门（f_t）和输出门（o_t）的解算后，得到最优训练结果，输出 $o_t=\left[D_{t-n}(p,v),...,D_{t-1}(p,v)\right]$，其中，所述前 n 个时刻的滤波器增益通过将 INS 和 GPS 输出的位置之差、速度之差值作为观测信息经过容积卡尔曼滤波器处理后得到。

LSTM2 的训练过程为：将 CKF2 的增益 $x_t=\left[K_t(p)',K_t(v)'\right]$ 输入 LSTM2 的存储单元的输入门（i_t）中训练，经过遗忘门（f_t）和输出门（o_t）的解算后，得到最优训练结果，输出 $o_t=\left[\delta p'',\delta v''\right]$。

（2）误差预测补偿步骤：当 GPS 信号失锁时，基于第一个循环滤波网络中的 LSTM1 对系统观测量进行预测，将预测的系统观测量提供给第二个循环滤波网络中的 CKF2，实现 GPS 信号失锁时的无缝导航；同时基于第二个循环滤波网络中的 LSTM2 对 CKF2 的最优估计误差值进行预测并补偿。

在图 5-16 中，当 GPS 信号失锁时，CKF1 停止工作，而 CKF2、LSTM1 和 LSTM2 正常工作，其中 CKF2 的状态量和预测量与步骤（1）中相同，得到最优估计 $\delta_{p'},\delta_{v'}$；LSTM1 的输入变为 $t-n,t-(n-1),...,t-1$ 时刻 CKF2 的增益 $K''_{t-n}(p,v),...,K''_{t-1}(p,v)$，输出为预测的 t 时刻的系统观测量 $D_{p'},D_{v'}$；LSTM2 的输入和输出与步骤（1）相同，实现对 CKF2 最优估计误差值（$\delta_{p''},\delta_{v''}$）的预测，对 CKF2 的最优估计误差值进行预测并补偿，即：

$$\begin{cases}\delta_{p2}=\delta_{p'}+\delta_{p''}\\ \delta_{v2}=\delta_{v'}+\delta_{v''}\end{cases} \tag{5-41}$$

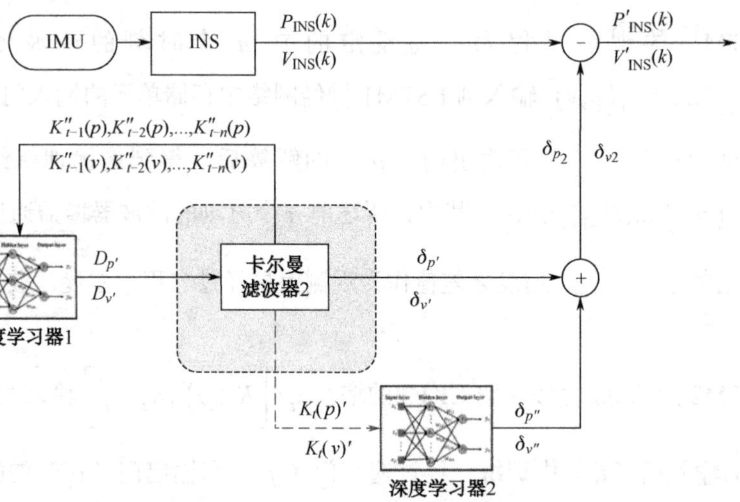

图 5-16　自学习容积卡尔曼滤波预测阶段示意图

（3）将步骤（2）中误差补偿之后的最优估计提供给 INS，最终实现 INS 速度误差和位置误差的校正。记惯性系统的位置和速度为 $P_{\mathrm{INS}}(k),V_{\mathrm{INS}}(k)$，经最优估计补偿之后的位置和速度记为 $P'_{\mathrm{INS}}(k),V'_{\mathrm{INS}}(k)$，对 CKF2 的最优估计误差值进行预测并补偿后，即可作为 INS 误差的最优估计并对 INS 进行误差补偿，最终得到补偿之后的位置和速度信息：

$$\begin{cases} P'_{INS}(k)=P_{INS}(k)-\delta_{p2} \\ V'_{INS}(k)=V_{INS}(k)-\delta_{v2} \end{cases} \tag{5-42}$$

在本预测误差补偿过程中，LSTM1 可产生预测的观测量，作为 CKF2 的系统参数；同时，LSTM2 可产生预测的最优估计误差值，作为 CKF2 输出的最优估计的误差补偿。在传统卡尔曼滤波和神经网络组合的模型中，一般是将卡尔曼滤波器输出的最优估计直接补偿给惯性系统。与传统方法相比，本节提出的方法增加了对最优估计误差值的训练和预测，相当于进一步提高了补偿项的精度，从而提高导航定位精度。

自学习卡尔曼滤波优点在于：（1）自学习卡尔曼滤波可以学习滤波器增益与当前观测量之间的关系，在卫星信号拒止的条件下，仍能实现连续无缝导航定位；（2）与一般卡尔曼滤波与神经网络结合的单一预测模型相比，自学习卡尔曼滤波方法结合了深度学习的算法，增加了一个循环滤波网络用于对最优估计误差差值的预测和补偿，从而提高了导航精度。

5.3.4 实验结果与分析

前面介绍了基于自学习容积卡尔曼滤波的 GPS/INS 组合导航方法，本节进行了车载 GPS/INS 组合导航实验，以便对其进行验证。惯性系统由 STIM202 陀螺仪、Model1521L 加速度计组成。基准 GPS 选用高精度 NovAtel ProPak6，定位精度为 1cm（RTK），工作频率设置为 100Hz。系统共运行 5 000 秒，其中有 100 秒处于失锁状态。GPS/INS 实验装置示意图如图 5-17 所示。

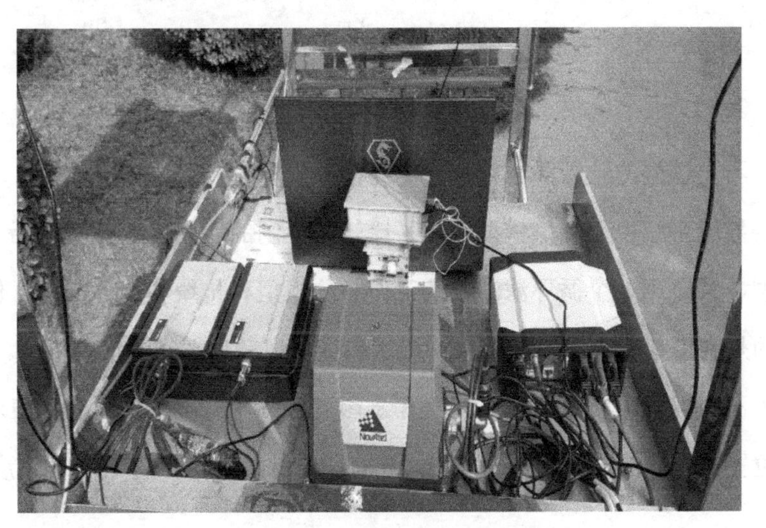

图 5-17　GPS/INS 实验装置示意图

车载实验的行迹轨迹如图 5-18 所示，图中黑色轨迹为车辆行驶的基准轨迹。当 GPS 失锁时，组合系统中只有 SINS 单独工作，由于自身传感器特性，SINS 的误差会随时间积累。利用之前提出的算法建立 SINS 误差补偿模型，并与传统的方法进行了比较。

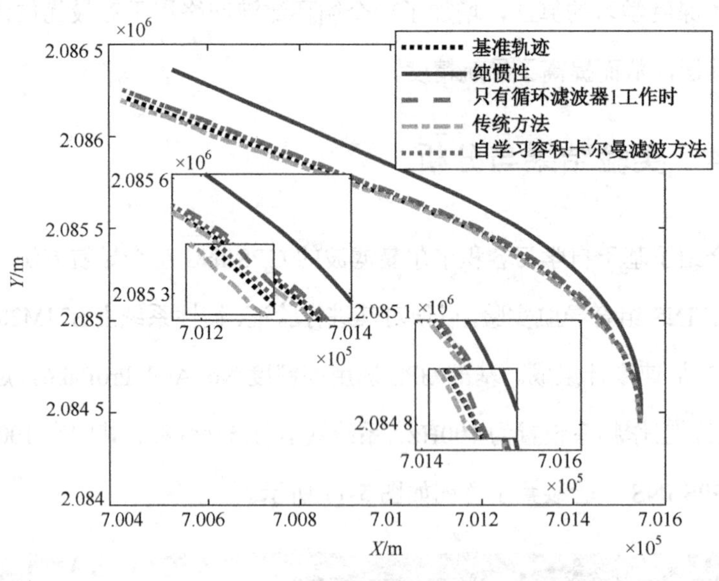

图 5-18　车载 GPS/INS 行车路线图

（1）不同模型的验证和比较：为了对比分析本实验方法的有效性，本节还对不同组合导航系统误差补偿模型进行了比较。不同的误差补偿模型包括：纯惯性系统模型、只有第一个循环滤波系统工作时的模型和传统的优化模型，传统优化模型指的是利用智能算法预测导航系统状态量与观测量之间差值的方法。图 5-18 中给出了不同模型计算出的轨结果。图 5-19（a）和图 5-19（b）分别表示东向和北向的位置误差，图 5-20（a）和图 5-20（b）分别表示东向和北向的速度误差。

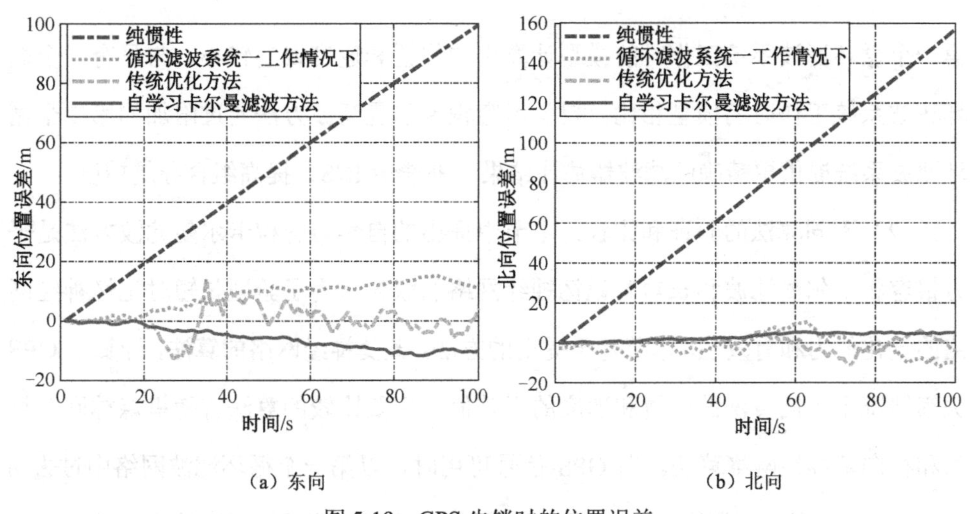

（a）东向　　（b）北向

图 5-19　GPS 失锁时的位置误差

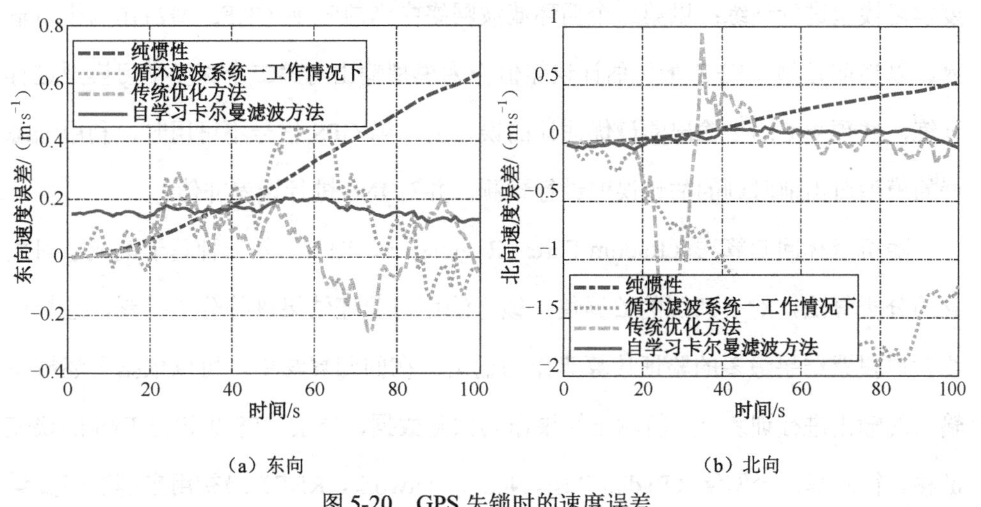

（a）东向　　（b）北向

图 5-20　GPS 失锁时的速度误差

从图 5-18 中可看出，基于自学习卡尔曼滤波方法的轨迹与基准轨迹最为接近，即导航定位误差最小，可得到高精度的导航信息。

从图 5-19、图 5-20 中可以看出，纯惯性系统模型结果为误差纯发散状态，传统优化模型鲁棒性较差，在卫星短时间失锁条件下，位置和速度误差较大。只有

第一个循环滤波系统工作时的模型计算出的位置和速度误差较小。与只有一个循环滤波系统工作时的模型相比，自学习容积卡尔曼滤波方法通过附加的第二个循环滤波系统提供更精确的滤波器估计结果，补偿给 INS，提高组合导航精度。

（2）不同算法的验证和比较：本节中提出的自学习容积卡尔曼滤波方法是平方根容积卡尔曼滤波和长短时记忆神经网络的联合。为了验证长短时记忆神经网络的泛化能力和有效性，本节基于提出的方法，改变神经网络的算法，计算了 GPS 失锁情况下不同算法的位置和速度的误差值。主要比较的算法有随机森林回归算法和径向基神经网络算法。当 GPS 信号可用时，以第一个循环滤波网络中过去 n 时刻 CKF1 增益为模型输入、以当前时刻的滤波器观测量为模型输出对第一个深度学习模型进行训练；以第二个循环滤波网络中当前时刻 CKF2 增益作为模型输入、以当前时刻 CKF2 最优估计误差值作为模型输出对第二个深度学习模型进行训练，并预测 CKF2 输出的最优估计的误差值。当 GPS 信号不可用时，利用训练好的模型对当前时刻的估计误差进行预测，并对 INS 进行误差补偿。

随机森林回归算法（Radom Forest Regression，RFR）是一种基于集成学习概念的分类算法，对于训练的数据集，该方法可对验证结果进行分类投票，选择最终获得投票结果最多的验证计算集作为输出。在回归算法中，可以依据上述模型输入的输出进行训练，并将输出结果作为预测数据，补偿 GPS 失锁时 INS 的误差漂移。径向基神经网络（Radial Basis Neural Network，RBF）最初用来解决多变量差值问题，可用于多数据拟合，当 GPS 失锁时，可用 RBF 算法学习先验数据，拟合出 GPS 有效时的真实数据用于组合和补偿。算法验证结果如图 5-21 和图 5-22 所示。

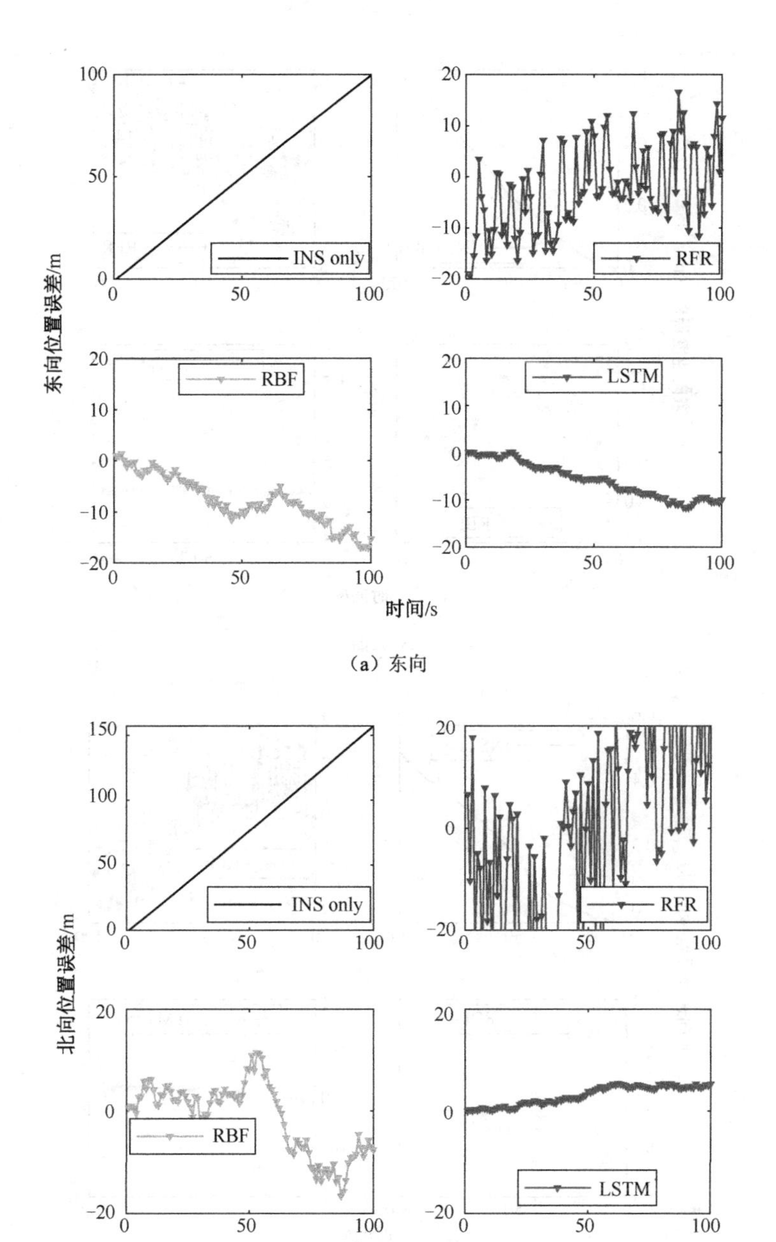

（a）东向

（b）北向

图 5-21　GPS 失锁时的位置误差

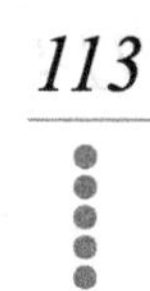

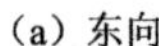

（a）东向

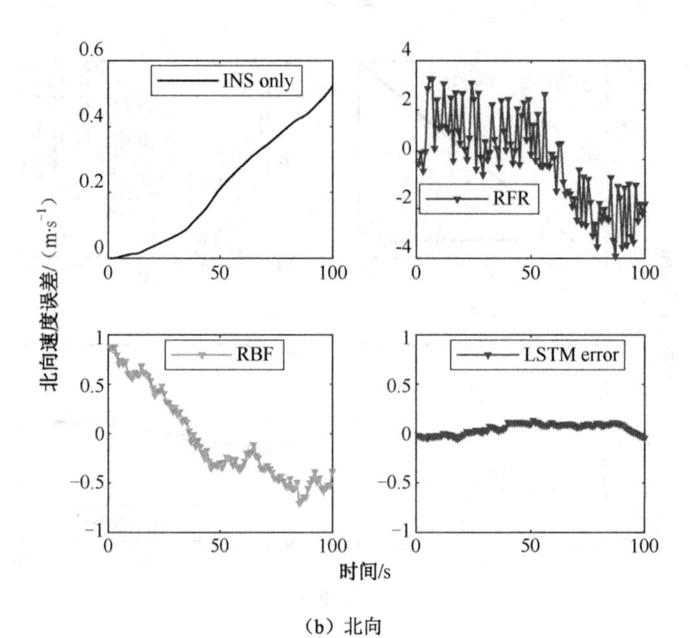

（b）北向

图 5-22　GPS 失锁时的速度误差

图 5-21（a）和图 5-21（b）表示使用不同算法验证的东向和北向的位置误差，图 5-22（a）和图 5-22（b）表示不同算法验证的东向和北向的速度误差。从图 5-21 和图 5-22 可以看出，纯惯性器件的位置误差随时间基本呈线性漂移，漂移距离较大；随机森林回归算法的误差最大，其次是径向基神经网络，长短时记忆神经网络的效果最好，北向和东向的误差都为最小。因为长短时记忆神经网络的结构中包含了一个能保持长距离信息的状态单元，该单元可自主筛选和提取基于长时间序列的数据特征，从而完成对数据的有效预测，且误差较小。其他算法不具备该特征，无法深度挖掘数据的潜在信息，所以无法实现有效的数据预测。

第6章 基于惯性视觉的类脑导航技术

6.1 仿生导航背景概述

导航技术在我们生活中起着非常重要的作用。即使我们身处陌生环境，依靠全球定位系统，也可以很轻松地获取自己当前所在位置，并到达目的地。然而，在许多场合，我们可能面临GPS失锁的情况，如城市的高楼之间、深海水域、深山老林等部分偏远地区等，此时，惯性导航系统（INS）便彰显了其独特的优越性。由于INS不需要依赖外部信息，仅依靠连续测得的自身运动的速度和方向信息就可以推算出下一点的位置，因此INS的应用场景非常广阔。INS可以全天候、全时段地工作于空中、地球表面乃至水下，具有较好的稳定性，不易受干扰。然而，由于导航信息是由传感器测得的速度和方向信息经过积分而产生的，误差会随时间的积累越来越大，从而导致出现INS长时段工作精度差的问题。如何合理有效地减少乃至消除这些误差，提高INS系统的智能化程度，成了人们近年来的研究热点之一。

研究表明，将 GPS、无线电导航等与 INS 组合在一起的导航策略可以将多种导航手段优势互补，并取得更好的效果。其常用的数据融合方式是卡尔曼滤波算法。但是，应用卡尔曼滤波算法需要精确构建系统的运动模型和观测模型，而对复杂动态环境建模的计算量巨大，这在一定程度上也限制了卡尔曼滤波器的应用。而且，这种模型只是在一定程度上减小了误差，并不能消除累积误差，智能化程度不高。

反观自然界，飞鸽传书，老马识途，很多动物都具有出类拔萃的导向能力。无论是远隔万水千山，还是置身暴风骤雨等恶劣天气之下，这些神奇的动物总能知道路在何方。人类也不乏这样的认路高手，他们的脑海中似乎嵌入了一张高分辨率地图，无论怎样都不会迷失方向。这说明生物体仅依靠自身器官获取对外界信息的感知，通过某种生物机理，便可以转化为精准的导航信息。伦敦大学学院的约翰·奥基夫早在 1971 年就在老鼠大脑中海马脑区里发现了一种专门负责记住位置特征的神经元，他们将其命名为“位置细胞”。30 多年后，科学家夫妇梅-布里特·莫泽和她的丈夫爱德华·莫泽通过一系列实验证明，动物的大脑当中存在建立空间坐标系的机制，通过速度细胞、头朝向细胞获取运动信息从而产生路径积分。模仿这一机理，澳大利亚昆士兰理工大学的迈克尔·米尔福德对老鼠大脑进行数学建模，利用视觉驱动导航系统，建立了 RatSLAM 仿生导航算法，并在室外导航实验中取得了良好的效果。但 RatSLAM 是一种纯视觉的导航算法，其核心传感信息来源于视觉里程计。因此，RatSLAM 算法虽然一定程度上实现了类脑智能，但在复杂的环境中也表现出健壮性差、导航精度不高的缺陷。

6.2 仿生导航机理

某些动物具有出类拔萃的导向能力，如蚂蚁外出觅食后可以径直返回巢穴，候鸟每年可以迁徙数千千米而不会迷失方向。人类同样具有对场景的记忆能力，当我们面对一张照片时，我们的脑海里会浮现出这张照片的拍摄地点。经过多年的研究，2014 年诺贝尔生物医学奖获得者发现了基于动物导航机制的大脑定位系统细胞。像人们熟知的 GPS 系统一样，大脑定位系统也是通过采集自身运动的时间、位置信息进行定位导航的。目前为止已发现与动物环境认知相关的主要神经元细胞有位置细胞（place cell）、头朝向细胞（head-direction cell）、速度细胞（speed cell），如图 6-1 所示。

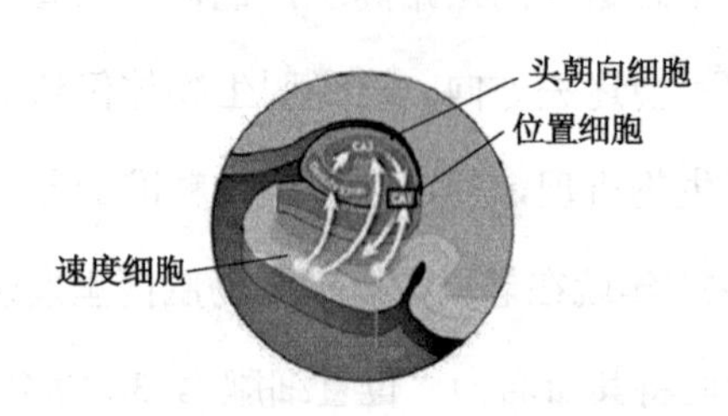

图 6-1 动物对环境感知相关的神经细胞

6.2.1 位置细胞

英国伦敦大学学院教授约翰·奥基夫最早发现了动物大脑中的位置细胞，并认定它们是构成大脑定位系统的关键细胞之一。

1971 年，奥基夫在记录小鼠大脑内海马体单个神经细胞信号的过程中注意到，当小鼠跑到实验区域的某个地方的时候，海马体内的某个特定的神经细胞 G1 就会被激活，而周围其他细胞处于非激活状态。当跑到其他地方的时候，细胞 G1 就不会被激活，而另外一个细胞 G2 被激活。这说明，被激活的细胞就是小鼠感知自身位置的位置细胞，这些位置细胞并非只是简单地接收视觉信息，而是在构建小鼠辨识所在房间的大脑地图。海马体会根据不同的环境产生大量的地图，这些地图在动物所处不同环境时由大量神经细胞共同作用而形成的。因此生物体对环境的记忆，可以用海马体中神经细胞特定激活组合的方式来进行存储，如图 6-2 所示。

图 6-2 位置细胞发放域

图 6-2 中灰色的点表示在这个位置相应的位置细胞被激活，而黑色的线表示小鼠的运动轨迹。当小鼠到达一个特定地点时，特定地点的位置细胞会被激活。当这些点处的位置细胞被激活时，便表明了小鼠在区域内的具体位置。这些细胞放电的位置在不同小鼠海马体内也不同。研究表明，位置细胞在环境中只有一个激活域。

6.2.2 头朝向细胞

头朝向细胞的建模和分析研究可以采用连续吸引子模型。典型细胞排列所采用的方式为：临近的细胞采用强连接，远的细胞采用弱连接。这样一个稳定状态的网络一束简单的活跃细胞，活跃细胞在不同方向的发放率呈尖峰状分布。当前的活动状态所代表的方向可以通过多种方法获得。头朝向细胞在不同方向的发放率如图 6-3 所示。

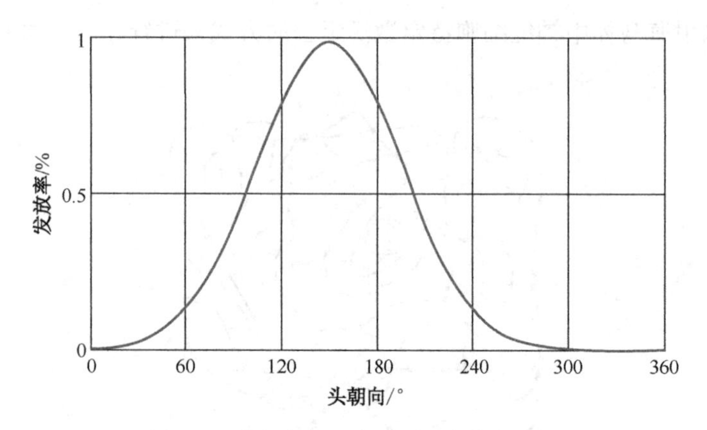

图 6-3　头朝向细胞在不同方向的发放率

注：头朝向细胞形成的外环是活跃细胞编码方向。内部两环是反应角速度的前庭细胞。视觉细胞和头朝向细胞的连接采用 Hebbian 学习规则进行校正。头朝向细胞也有内部紧密的连接，使简单的局部活跃细胞群系统稳定。

根据网络动力学，在向活跃尖峰附近注入新的活跃细胞时，活跃尖峰将会向着注入活跃细胞的一端移动。尽管注入新活性细胞的技术可能发生变化，但这种特性对于路径综合的方法具有普遍意义。1995 年，斯卡格斯、尼里姆等人的方法是利用两套旋转细胞群，一套关注顺时针旋转方向，另外一套关注逆时针旋转方向，如图 6-4 所示那样。这些细胞都有首选的方向和角速度方向，当方向和角速度方向与细胞首选的状态一致时，细胞向临近的细胞传递能量。顺时针方向的细胞会向位于顺时针方向上的头朝向细胞发射能量，反之则向逆时针方向旋转。

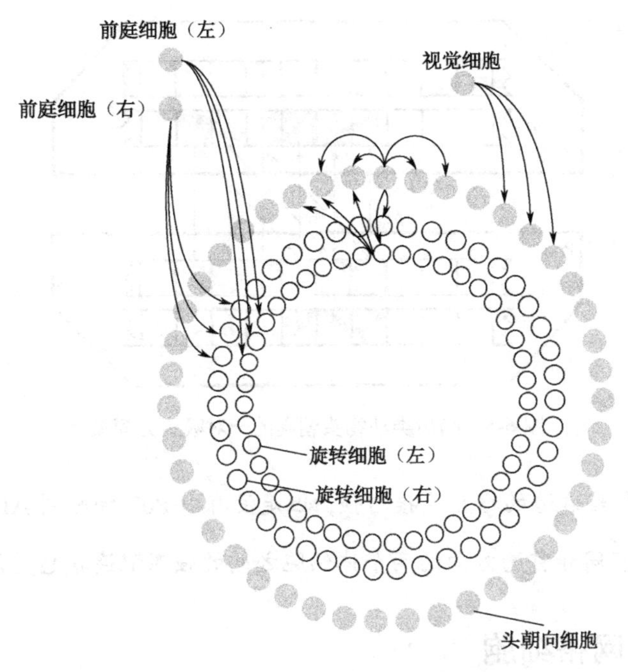

图 6-4　啮齿类动物头朝向系统的子吸引网络模型

啮齿类动物头朝向细胞的细胞耦合吸引模型产生的调谐曲线，与啮齿类动物大脑的两个区域所观察到的现象非常匹配接近。这一模型用两个细胞种群来表示啮齿类动物大脑中的后下托（PoS）和头部丘脑神经核（ATN）的乳房状突起（如图 6-5 所示）。如果没有角度旋转，在 PoS 和 ATN 中首选同一个方向的细胞建立紧密的匹配连接，并允许在各自的细胞系统内保持稳定的同步高斯分布。从 PoS 内的细胞节点到 ATN 内细胞偏移量的抵消，通过角速度的大小和符号进行权重调整。在调整期间，ATN 内细胞群的活跃程度优于 PoS 内细胞群。这种先导行为，通过在实验室观察啮齿类动物 ATN 细胞与头朝向细胞相关朝前 20～40ms 的现象验证。

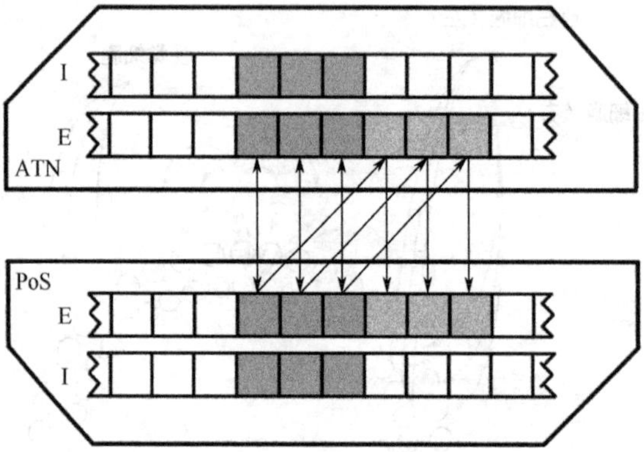

I
E
ATN
PoS
E
I

图 6-5　啮齿类动物头朝向的一对吸引力模型

注：向右导致右边的增益连接增强，但是没有由 PoS 细胞到 ATN 细胞的左边增益连接。具有同样首选方向的两个体细胞之间的强匹配连接总是活跃的。

6.2.3　网格细胞

挪威科技大学教授爱德华·莫泽和妻子梅-布里特·莫泽通过实验发现了网格细胞的作用。当小鼠经过广阔和复杂的地形时，小鼠大脑临近海马体的另一个名叫内嗅皮层部位的神经细胞被激活。这些细胞会对特定的空间模式或环境产生反应，它们在整体上构成网格细胞。这些细胞组成一个坐标系统，就像人们绘制地图时用经线和纬线来划分不同方向和位置的坐标一样。他们把小鼠装入盒子中让小鼠奔跑，并连接上计算机，以图形来显示它们的前进方向，结果产生了清晰的呈六边形的网格形状，就像一个蜂巢。但盒子里并没有六边形状存在，这一形状是在小鼠的大脑内抽象地形成并叠加于环境中的。这意味着小鼠可以通过网格细胞把空间分割为蜂窝六边形，并且把运动轨迹记录在蜂窝状的网格上。网格细胞能够判断自身头部对准的方向及房间的边界位置，它们与位置细胞相互协调，构成一个完整的神经回路。这个神经回路系统形成了一个复杂而精细的定位体系，就是大脑中的定位系统。大脑中位置细胞和网格细胞的发现，令约翰奥基夫、爱德华·莫泽和梅-布里特·莫泽获得了2014年诺贝尔生理学奖或医学奖。

与位置细胞不同，网格细胞激发的是环境绘制时所建立嵌入式六边形网格顶点等边的多个位置。这些网格拥有三种特征：激发空间之间的间隔、相对参考轴的网格方向，以及网络的空间相位。相邻的网格细胞具有相似的间隔和方向，但是具有不同的空间相位。因此，仅有少数互定位细胞的激发便足以充分覆盖激发区域的整个环境。而且，细胞在嗅皮质区中间部分（MEC）记录从背面到侧面的移动位置时，网格间隔增长。

网格细胞在不同层的MEC之间的特性也不同。Ⅱ层细胞仅仅对环境中的固定位置有反应。然而，在Ⅲ、Ⅴ、Ⅵ层中，有一部分比例的细胞称为联合网格细胞，它们对位置和方向都有反应。由于它们具有联合特性，这些细胞特别适合于RatSLAM导航模型。当最初的实验性研究发现位置细胞和头朝向细胞中位置和方向的分离状态会引起导航问题时，联合细胞被创造出来作为该问题的工程解决方案。当已知道在狭小环境中位置细胞变得具有方向性时，没有显而易见的细胞具有内在的联合特性。而且，通过重复使用位姿细胞矩阵卷回链接细胞，并不能被源于位置细胞单一激发区域的观测结果所支持。然而，尽管许多关于神经元机理的理论要建立网状激发区域，但网格细胞激发了环境中多个位置的观测结果，需要重复使用细胞对环境中多个位置进行编码。

6.2.4 速度细胞

2015年，在获得诺贝尔生理学或医学奖后，爱德华·莫泽和梅-布里特·莫泽夫妇继续通过研究发现一些神经细胞能够随移动速度的提升成比例地提升放电频率。通过查看这种细胞的放电频率便能够判断一个动物在给定时间点上的移动速度。研究者将其命名为速度细胞。

在实验中，研究者将老鼠置于一个顶面开口的盒子中，通过随机抛洒食物的方法诱使老鼠在其中任意跑动。该实验在黑暗的环境中进行，以此避免视觉信息对实验的影响。同时，为了避免老鼠自身行为动作对速度细胞产生的影响，在对实验数据进行分析时，选择忽略所有运动速度小于 2cm/s 时老鼠细胞活性的变化。首先归一化速度细胞活性，通过线性变换计算出速度细胞的发放率，并表示其活性；然后对细胞进行无偏分析，通过无偏估计在实验中调整速度细胞参数，利用尖峰电压大小判断速度细胞的活性强弱，通过一个由发放场和线性滤波器两部分组成的简单线性解码器使速度细胞的活跃度具体化；再将该活性状态信息传递给由头朝向细胞和位置细胞融合而成的位姿细胞，进而影响沿途构图，如图 6-6 所示。

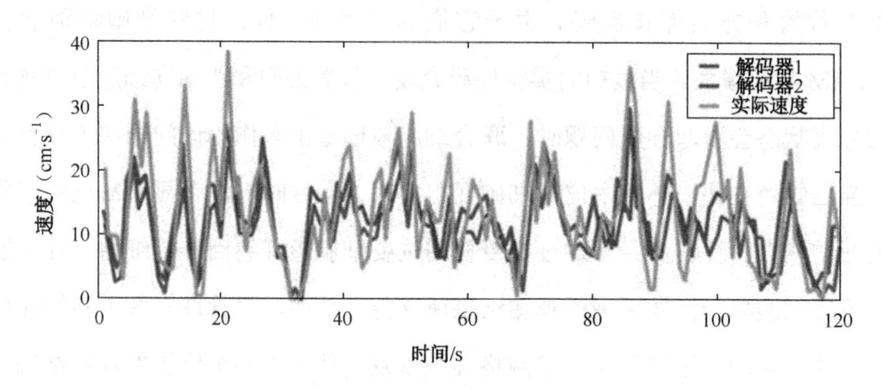

图 6-6　速度细胞实验数据

6.2.5　类脑导航系统

生理学研究表明，位置细胞在动物活动的环境中被激活的现象是由速度调制的路径积分所决定的。位置细胞所表达的是路径积分的结果而不是积分形成的基础。当老鼠到达一个熟悉的环境时，路径积分器会重置以适应外源信息所感知的环境。这些研究表明老鼠能够在不同的环境下，融合内在与外界的信息进行精确的导航，在熟悉的环境中，以外界感知信息为绝对参考，进行误差的校正，人类也是如此。模仿这种生物的导航机制，本节提出了一种类脑的智能 INS 系统模型。

位置细胞吸引子模型构建了对于实际外界环境相对位置的度量模型。位置细胞模型采用连续吸引网络模型，边界处的位置细胞与另一边界处的位置细胞相连接，形成环状。二维连续吸引网络模型是由局部兴奋性和全局抑制性连接在一个神经板上形成的一个随机活动包。这个吸引网络由空间细胞路径积分系统驱动，由来自于当前位置的图像信息进行重置。用二维高斯分布来创建位置细胞的兴奋性权值连接矩阵 $\boldsymbol{\chi}_{x,y}$，则 $\boldsymbol{\chi}_{x,y}$ 的计算公式为：

$$\boldsymbol{\chi}_{x,y} = e^{-\left(x^2+y^2\right)/W} \tag{6-1}$$

式（6-1）中，W 为位置分布的宽度常量。

由于局部兴奋性连接导致的位置细胞活动的变化量为：

$$\Delta P\left(X,Y\right) = \sum_{i=0}^{S_X-1}\sum_{j=0}^{S_Y-1} P\left(i,j\right)\boldsymbol{\chi}_{x,y} \tag{6-2}$$

式（6-2）中，S_X、S_Y 为在 $\left(X,Y\right)$ 空间中位置细胞二维矩阵的大小，代表吸引子模型在神经板上的活动范围。i，j 为 X、Y 的分布系数。进行位置细胞迭代和视觉模板匹配的前提是查找位置细胞吸引子在神经板中的相对位置，这个相对位置坐标由权值矩阵的下标表示，可由下式计算得到：

$$x = \left(X-i\right)\left(\operatorname{mod} S_X\right) \tag{6-3}$$

$$y = \left(Y-j\right)\left(\operatorname{mod} S_Y\right) \tag{6-4}$$

每个位置细胞同样接收着整个网络的全局性抑制信号。兴奋性和抑制性连接矩阵的对称性保证了合适的神经网络动力学，确保空间中的吸引子不会无限制的兴奋。位置细胞由抑制性连接权值引起的活动变化量为：

$$\Delta P(X,Y)=\sum_{i=0}^{S_X}\sum_{j=0}^{S_Y}P(i,j)\Psi_{x,y}-\xi \tag{6-5}$$

式（6-5）中，$\Psi_{x,y}$ 是抑制性连接权值，ξ 是控制全局性的抑制水平。所有位置细胞的活动都是非零的并且进行了归一化处理。

路径积分后位置细胞的放电率 $P^{t+1}(X,Y)$ 可表示为：

$$P^{t+1}(X,Y)=\sum_{i=\Delta X}^{\Delta X+1}\sum_{j=\Delta Y}^{\Delta Y+1}\alpha_{i,j}P^{t}(i+X,j+Y) \tag{6-6}$$

式（6-6）中，$\alpha_{i,j}$ 是残差量，ΔX 、ΔY 是 X-Y 坐标系中向下取整的偏置量，这一偏置量由速度和方向信息确定。

$$\begin{bmatrix}\Delta X\\ \Delta Y\end{bmatrix}=\begin{bmatrix}\left\lfloor C_i\vec{\boldsymbol{e}}_\theta v\cos\theta\right\rfloor\\ \left\lfloor C_j\vec{\boldsymbol{e}}_\theta v\sin\theta\right\rfloor\end{bmatrix} \tag{6-7}$$

式（6-7）中，$\lfloor\ \rfloor$表示向下取整，C_i、C_j 为路径积分常量；v 为当前速度，可以由速度细胞提供；θ 为当前头朝向，由头朝向细胞提供；$\vec{\boldsymbol{e}}_\theta$ 为指向 θ 方向的单位向量。

与生物自主导航的机理相似，惯性导航系统是一种既不依赖于外部信息，也不向外部辐射能量的自主式导航系统。INS 的基本工作原理是以牛顿力学定律为基础的，通过测量载体在惯性参考系的加速度，将它对时间进行积分，并把它变换到导航坐标系中，就能够得到在导航坐标系中的速度、偏航角和位置等信息。然而，由于装置本身存在误差，INS 的位置信息也是由积分产生的，因此误差会随时间累积的。

对于生物体而言，位置细胞的放电相对位置也是通过路径积分得到。但是当处在熟悉的环境中时，生物体会对所有参与路径积分的空间细胞进行放电重置。坐标更新的过程实际上是空间细胞放电的更新过程，而闭环点的更新过程是空间细胞的重置过程。仿照生物体的这一机理，本节提出一种智能 INS 的模型方案。该系统可以实时检测当前视觉信息是否与事先存储的视觉模板相匹配，如果成功匹配，则认为到了一个“熟悉的地方”，进而对整个路径积分网络的空间细胞进行放电重置，重置为先前闭环点的放电状态。通过该方法可以有效消除累计误差，提高导航精度。

这种基于视觉的位置细胞自矫正的仿生导航算法流程如下：

（1）摄像头采集一帧 RGB 图像。

（2）采集物体运动状态信息，并更新速度细胞和头朝向细胞。

（3）执行空间细胞的路径积分。

（4）经几何变换得到空间几何坐标。

（5）执行图像匹配算法，并得到匹配结果的返回值 R。

（6）if R==True。

（7）读取模板图像所在点的坐标信息。

（8）位置细胞放电重置。

（9）误差纠正。

（10）end if。

如图 6-7 所示，虚线为载体航位推算结果。载体的真实轨迹是从 A 出发，依次经过 B，C，D 的直线。然而由于存在累积误差，INS 计算的轨迹会逐渐偏离真实轨迹。图中实点处是通过视觉进行纠正的节点，在这些点处对位置细胞进行了重置。可以看出，经过视觉纠正的结果轨迹更加接近载体的真实轨迹，导航精度也有了显著提高。

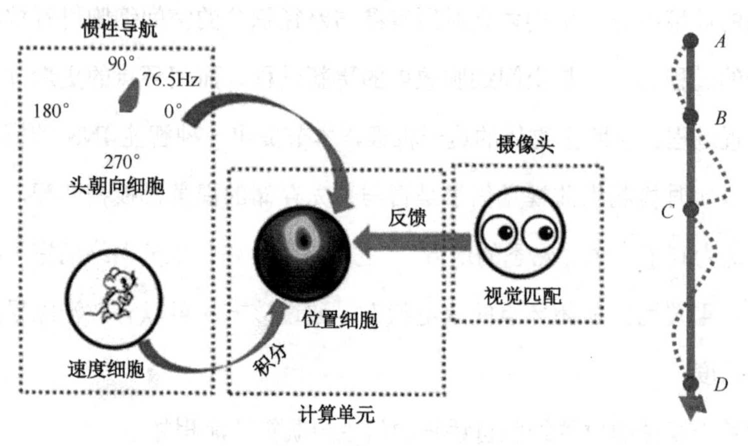

图 6-7　系统模型示意图

6.3　高速有效的节点匹配算法

如前文所述，位置细胞能够在正确的位置放电重置是实现本章提出的仿生导航算法实现的关键。若要实现这一过程，需要载体对景象具有“记忆”与“识别”的功能。“记忆”的过程，我们可以通过事先将关键地点（如路口，有特征的建筑物前）的坐标和景象存储下来进行模拟。“识别”是指载体在经过之前“记忆”的地点附近时能够辨识出该场景对应的模板图像，并将其真实坐标值返回，从而使细胞放电重置，消除累计误差。传统的图像匹配算法一般分为三类：基于灰度的匹配算法、基于特征的匹配算法，以及基于关系的匹配算法。图像匹配算法需要同时兼顾效率和精度两个方面，大多数算法是针对具体问题提出的。对本节所提出的街景图像识别问题，目前还没有一种专门的匹配算法适用。迈克尔·米尔福德分别于 2004 年和 2012 年提出基于连续多帧图像信息的位置识别算法 RatSLAM 和 SeqSLAM，采用对比两幅图像在一定区域内灰度信息的相似性的方法来判断是否是同一地点。这一方法计算量小，实时性好，但是容易受外界环境因素影响（如天气、路面状况）。而当阈值设置过小时可能会产生漏判，而设置过大又容易产生错判，因此该算法不具备良好的普适性。2017 年，边佳旺提出了基于网格的运动统计，相比于传统的 SIFT 特征匹配法，基于网络的运动统计方法可以更加有效地消除错误匹配点，其执行速度在 PC 机上可以达到每秒 30 帧的速率，基本能达到实时的要求，但是在下位机速度要减慢很多。针对上述问题，本节将这两种算法融合改进，优势互补，提出一种新的适用于位置细胞矫正的图像匹配算法。

6.3.1 扫描线强度法

扫描线强度法通过比对两幅图像扫描线强度轮廓的相似度的方法来进行场景识别。具体方法是令模板图像在基准图像中移动，计算二者强度归一化值的差值并求和。差值之和越小，说明两幅图像越相似。

对于模板图像 T 和基准图像 B，假设 $T(x,y)$和 $B(x,y)$分别为图像上对应像素点的强度值。以基准图像 B 为例，求得每一列的强度值之和为 S。对每列的强度进行归一化处理，得到基准图像归一化向量 $\boldsymbol{I}$。同理求得模板图像 T 的归一化向量 $\boldsymbol{I}'$。

两幅图像的相似度可以用重合度 β 来表征：

$$\beta = \sum_{i=1}^{n} \left(\boldsymbol{I}_i - \boldsymbol{I}_i' \right) \tag{6-8}$$

当装置应用于车上时，若摄像头与地面的相对高度和倾角保持不变，则经过同一地点时拍摄的两幅不同图片可以认为只有水平偏差，而没有垂直偏差。因此，我们可以令模板图像的 ROI（感兴趣区域）在基准图像上平移，计算出每次移动后两幅图像对应区域的相似度，并取所有相似度值最小值作为两幅图像的最终相似度。

$$\beta' = \min\left\{ \min_{1+\text{offect} \leqslant i \leqslant W} \left[\text{abs}\left(\boldsymbol{I}_i - \boldsymbol{I}'_{i-\text{offect}} \right) \right], \min_{1+\text{offect} \leqslant j \leqslant W} \left[\text{abs}\left(\boldsymbol{I}'_j - \boldsymbol{I}_{j-\text{offect}} \right) \right] \right\} \tag{6-9}$$

式（6-9）中，β'是两幅图像的最终相似度，offect 为最大平移量，W 为 ROI 的宽度。设定阈值 t，如果 β' 满足 $\beta' \leqslant t$，则认为两幅图像匹配成功。

如图 6-8 所示，左边的图和中间的图是同一地点在不同时间拍摄的两幅图像，而右边的图是在另一地点拍摄的。以中间的图为模板，可以观察到，模板图像的扫描线轮廓和左边的图像较为相似，而和右边的图像相似度较低。

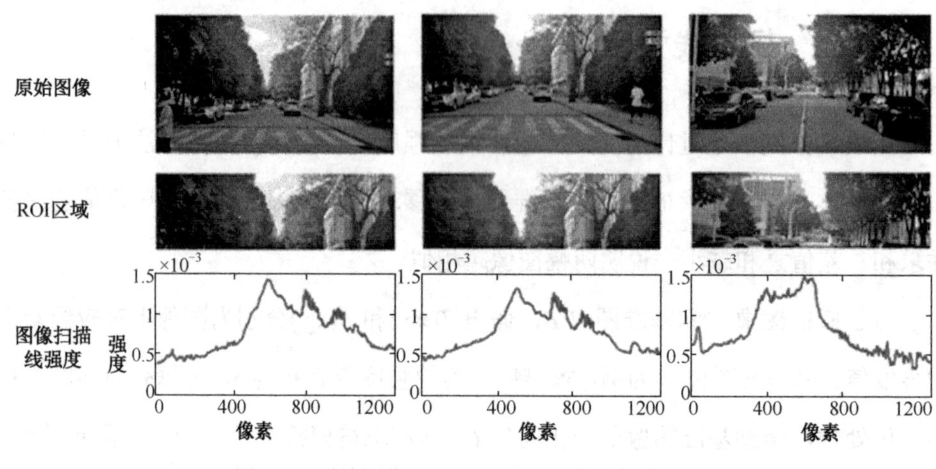

图 6-8　原始图像、ROI 区域、图像扫描线强度

这种算法的优点是运算量小，可以满足实时处理的要求。缺点是精度低，环境因素（如光照、行人、其他车辆）的变化可能会引起误判，可靠性不高。

6.3.2 GMS（基于网格的运动统计）

GMS是主要针对特征匹配问题提出的一个简单的基于统计的解决方法，它可以快速区分出正确的匹配和错误的匹配，从而提高了匹配的稳定性。

特征匹配是计算机视觉里一个基础性问题，对于特征匹配，当前主要存在的问题在于匹配精准算法的匹配速度慢，无法达到实时性要求，而快的匹配经常不稳定，容易产生较多错误的匹配点。GMS则可以很好地解决这一矛盾。

与传统特征匹配方法（SIFT、SURF）类似，GMS匹配的过程也分为检测、说明、匹配和几何构图四步。首先搜索所有尺度空间上的图像，通过高斯微分函数来识别潜在的兴趣点，这些点通常是一些边缘点、角点和拐点等。接着使用一组向量来描述关键点也就是生成特征点描述子。这个描述符不只包含特征点，也含有特征点周围有对其有贡献的像素点。描述子应具有较高的独立性，以保证匹配率。然后生成特征匹配点，如SIFT采用关键点特征向量的欧式距离作为两幅图像中关键点的相似性判定度量。在两个关键点中，如果最近距离除以次近距离的值小于某个阈值，则判定为一对匹配点。最后把所检测到的特征点放置在一个容器中，进行几何关系匹配，剔除不符合要求的特征点。

GMS不同于传统特征匹配方法的地方在于它具有更快的计算速度和更高的匹配精度。GMS很好地解决了邻域一致性这一约束如何使用的问题，从而在进行匹配时，可以更有效地剔除错误匹配的点。GMS的核心思想很简单：由于运动的平滑性导致了匹配的特征点邻域有较多匹配的点，我们可以通过计数匹配点个数来判断一个匹配结果的正确与否。其基于的基本假设是运动的平滑性导致了正确的匹配点附近的邻域里的特征点也是一一对应的。基于网络的运动统计如图6-9所示。

图 6-9　基于网格的运动统计

首先从数学的角度推导出正确匹配点附近的邻域中正确匹配和错误匹配的概率分布。

对于某一对匹配点(x_i, x_i')，假设x_i邻域内可以支持x_i的其他特征点个数为N_i，可以推导出N_i服从二项分布为：

$$N_i \sim \begin{cases} B(M, p_r), & x_i \text{ 是正确的匹配点} \\ B(M, p_w), & x_i \text{ 是错误的匹配点} \end{cases} \tag{6-10}$$

式（6-10）中，M为x_i的邻域及与其邻域相邻的其他区域内中特征点的个数；p_r为当(x_i, x_i')是正确的匹配时，x_i邻域内的其他特征点对应的匹配点在x_i'邻域内的概率；p_w为当(x_i, x_i')是错误的匹配时，x_i邻域内的其他特征点对应的匹配点在x_i'邻域内的概率。

各平均值和标准偏差分别为：

$$\begin{cases} \mu_r = Mp_r, \quad s_r = \sqrt{Mp_r(1-p_r)}\ , & x_i \text{ 是正确的匹配点} \\ \mu_w = Mp_w, \quad s_w = \sqrt{Mp_w(1-p_w)}\ , & x_i \text{ 是错误的匹配点} \end{cases} \tag{6-11}$$

目标函数为：

$$\max \quad G = \frac{\mu_r - \mu_w}{s_r + s_w} \tag{6-12}$$

将上述的理论分析变成可以在实际中的运行算法，这一过程主要需要解决四个问题。

（1）如何通过网格有效地计算分数。

（2）应该使用哪一邻域。

（3）应该使用多少网格。

（4）如何计算阈值 S。

解决方法概括如下：将图像分为 $G = 20 \times 20$ 个网格。每一个网格对的分数只计算一次。计算一个网络四周的 3*3=9 个网格，如图 6-10 所示（粗线框内的九个网格），对于网格 m 和网格 n，可以通过下式计算相似度的评分：

$$S_{mn} = \sum_{i=1}^{9} \left| \Omega_{m^i n^i} \right| \tag{6-13}$$

式（6-13）中，$\left| \Omega_{m^i n^i} \right|$ 为网格 m^i 与 n^i 间匹配点的个数。

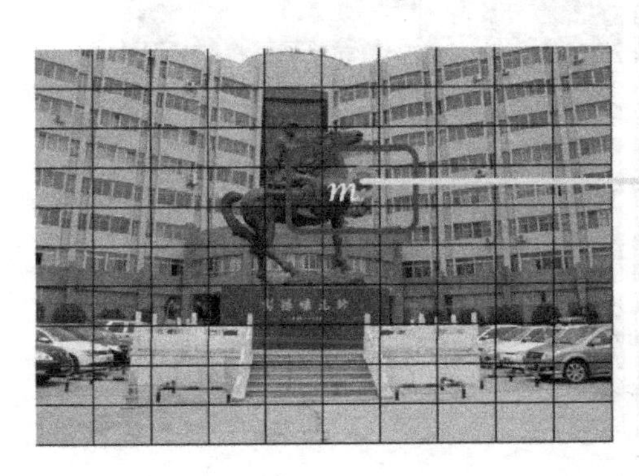

图 6-10　用于分数评估的 9 个区域

阈值 S_{mn} 将网格对分为正确和错误两部分：

$$C(m,n)=\begin{cases}1, & 当S_{mn}>\alpha\sqrt{t_i}时\\0, & 其他\end{cases} \tag{6-14}$$

式（6-14）中，α=6 是经验值；t_i 是特征点的数量；$C(m,n)$的取值表示 m、n 所在的网格区域是否为一对正确的匹配。

GMS 的优点是匹配精度高，对环境适应能力强，对场景的误判率几乎为 0；相比于传统的特征匹配算法，匹配时间大大减少，基本满足实时处理的要求（英特尔 i7 CPU+GTX980 GPU 的配置下处理一组图片耗时约为 31ms）。而缺点是当算法应用到下位机上时，运算速度远比不上台式机中运算的速度，实时性方面仍有待提高。并且该方法具有在不同尺度变换上都可以精确匹配的特点，这在应用到场景匹配中时会存在匹配误差。

由于车在由远及近驶过的过程中，图像是存在尺度变换的。而 GMS 算法是基于特征点的匹配算法，这就导致了在模板图像所在地点前后一段距离内所拍摄的图像，都会存在较多的匹配成功点，这会降低定位的准确性如图 6-11 所示。

图 6-11　对于某一特定模板（左侧图片），在其前一定距离内拍摄的图像（右侧图像）都会与之产生大量的匹配成功点，这会降低定位的准确性

6.3.3 扫描线强度/GMS

以上两种算法单独应用到实际场景匹配时均存在一定的弊端，因此，本节提出了一种新的匹配方案。将两种算法进行组合，一方面能充分发挥扫描线强度法在速度上的优势，另一方面用 GMS 对扫描线强度法的匹配结果进行检验，充分发挥其精准匹配的优势。算法的实现流程如下。

首先，用扫描线强度法计算基准图像 R 与模板图像 T_i 的相似度 β'。其中 $T_i \in \boldsymbol{T}$，$\boldsymbol{T}$ 为所有模板图像的集合，T_i 为第 i 个模板。可将阈值 t 略微调大，尽可能避免出现漏判的情况。如果满足 $\beta' < t$，则认为两张图像较为相似。进入下一步，否则读取下一帧基准图像。

接着，读取 INS 推算的经纬度坐标值，计算成功匹配的模板图像所在地点与 INS 返回的经纬度坐标所在地之间的距离 D：

$$D = \sqrt{\left[\frac{T_i(x) - T_i(x)}{180} \times \pi R\right]^2 + \left[\frac{I_t(y) - I_t(y)}{180} \times \pi R\right]^2} \tag{6-15}$$

式（6-15）中，$T_i(x), T_i(x)$ 表示模板 T_i 所在的经纬度坐标，$I_t(y), I_t(y)$ 表示 INS 在 t 时刻返回的坐标值，R 为地球半径。

当 $D \leqslant \sigma$ 时，认为数据有效，执行下一步算法。其中 σ 为两点间距离的最大合理误差。

最后，将通过距离检验的匹配结果用 GMS 算法再进行检验。如果两幅图像成功匹配点的个数大于阈值 $\boldsymbol{\Omega}$，则认为这是一组正确的匹配点，否则舍去。

经过以上三步，基本满足了系统实时匹配的要求，并能够有效地排除一些误判的匹配点。

6.4 算法验证

为了验证上述算法及模型的实际可行性，我们进行了大量的相关实验。实验结果充分证实了模型的可靠性和算法的优越性。本节实验采用的实验平台为搭载仿生导航装置的电动实验车。仿生导航装置由 LattePanda 卡片电脑、INS 系统、摄像机、高精度 GPS 设备等组成，如图 6-12 所示。

图 6-12　实验设备

LattePanda 是一款卡片电脑，以 Windows10 作为操作系统并配备丰富的输入/输出接口，在实验中主要承担图像匹配算法的执行任务。INS 主要采集速度信息与方向信息，同时产生路径积分后的位置细胞。INS 通过串口协议与 LattePanda 进行通信，从而可以实时接收 LattePanda 反馈的精准位置信息，并对自身位置细胞进行矫正。整个装置通过 USB 供电，并置于试验车前端。摄像头与 LattePanda 连接，在车行进过程中以每秒 12 帧的速率采集 RGB 图像，并与模板图像实时匹配。高精度 GPS 用于在模板图像采集时提供基准坐标信息。

测试地点选在中北大学校内的一条长约 500 米的公路上（如下图中深色轨迹所示），实验车以每秒约 5 米的速度前行。用于视觉匹配的位置细胞节点的建立地点选择在比较有明显特征的三个十字路口处。全程共进行三次位置细胞的矫正。

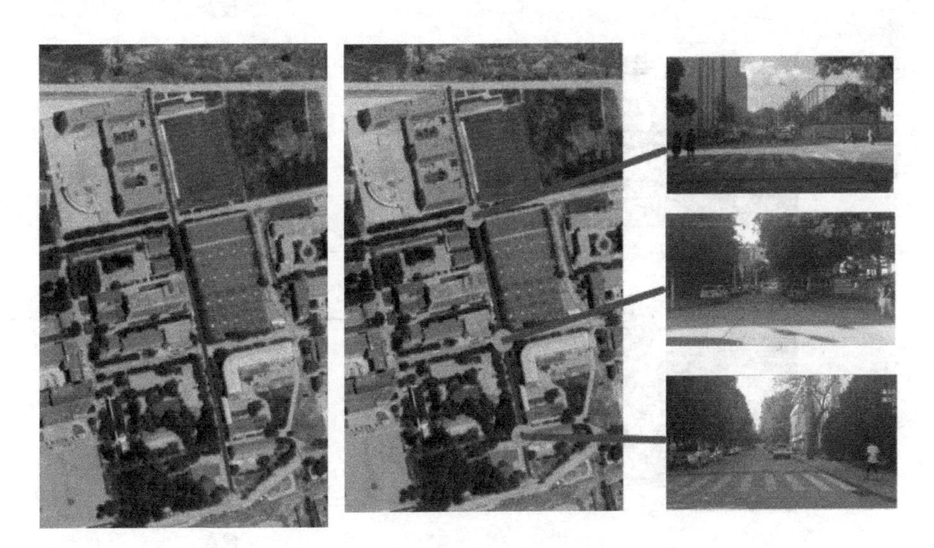

图 6-13　行驶路线及位置细胞节点位置

三个节点处的扫描线强度如图 6-14 所示。图像匹配结果如图 6-15 所示。

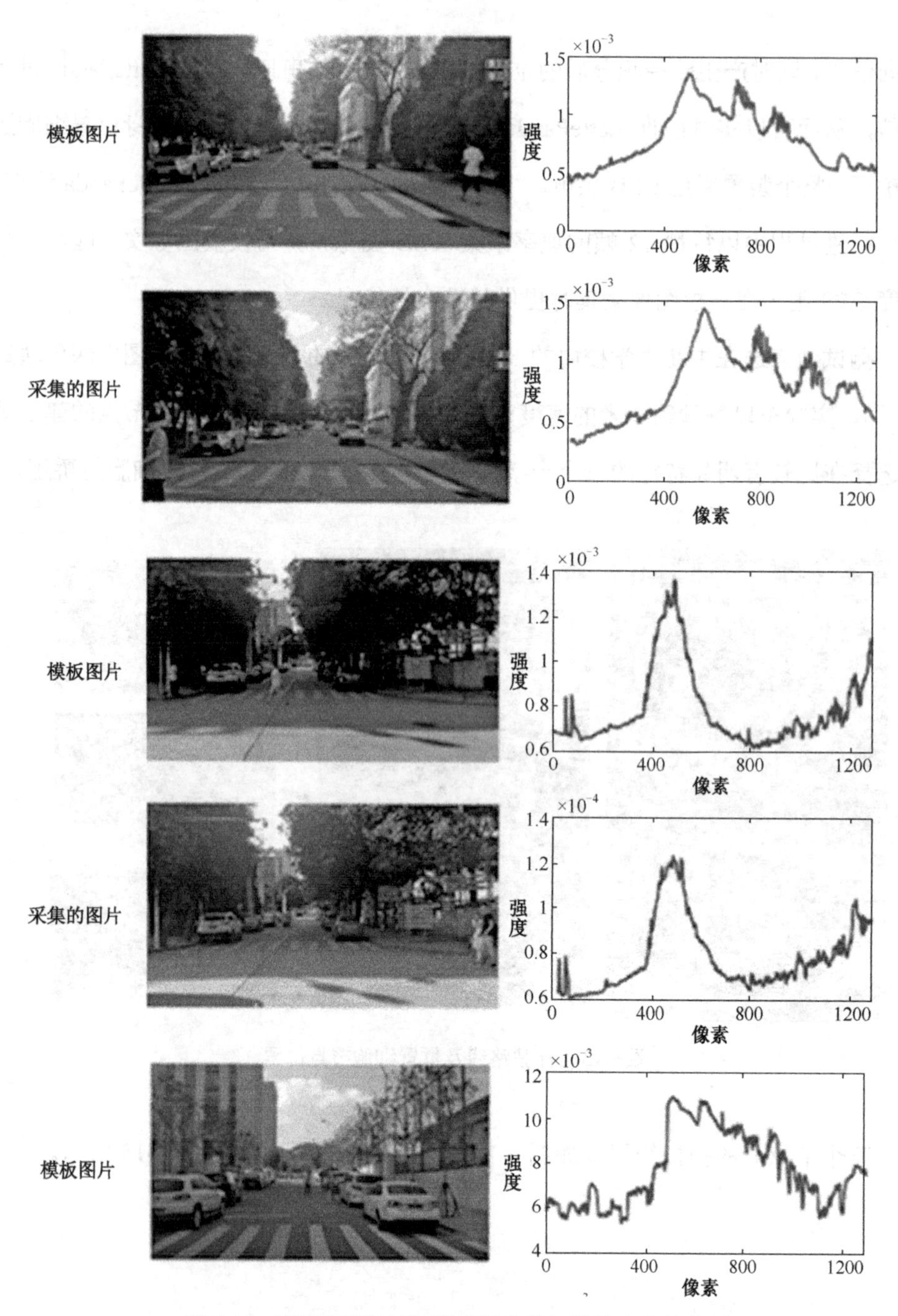

图 6-14　模板位置处拍摄到的图像的扫描线强度轮廓图

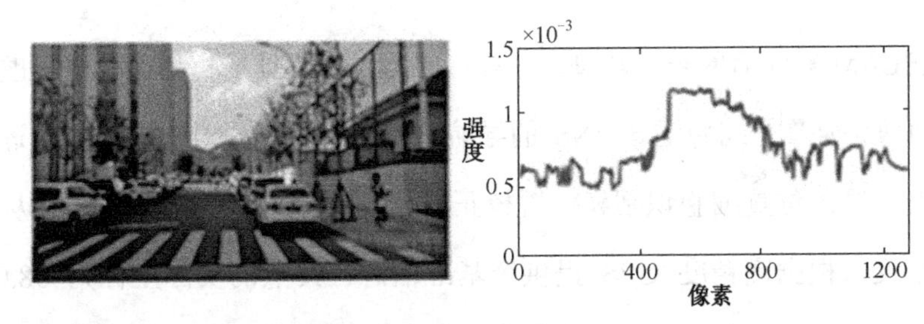

图 6-14　模板位置处拍摄到的图像的扫描线强度轮廓图（续）

图 6-15　使用 GMS 算法的匹配结果

实验结果如图 6-16 所示。

如图 6-16 所示，有载体的真实轨迹，也有纯 INS 测量的数据，还有使用

SeqSLAM 算法后的结果轨迹，并且有使用了本设计所提出的类脑导航算法后的测量轨迹。从图中可以看出 INS 的导航误差会随着工作时间的增加而逐渐累积的。但是，经过位置细胞识别和位置校正，这一误差可以被有效消除，从而提高导航的精度。根据高精度 GPS 提供个基准信息，终点的实际坐标为 38.017 588°N，112.444 90°E，而纯 INS 计算的坐标为 38.017 921°N，112.444 93°E，距离误差约 37.2m。同时，使用被设计提出的类脑导航方案测量的结果终点坐标为 38.017 513°N，1122.444 89°E，距离误差仅为 8.4m。结果表明，INS 的导航精度每 500m 提高了约 28.8m。

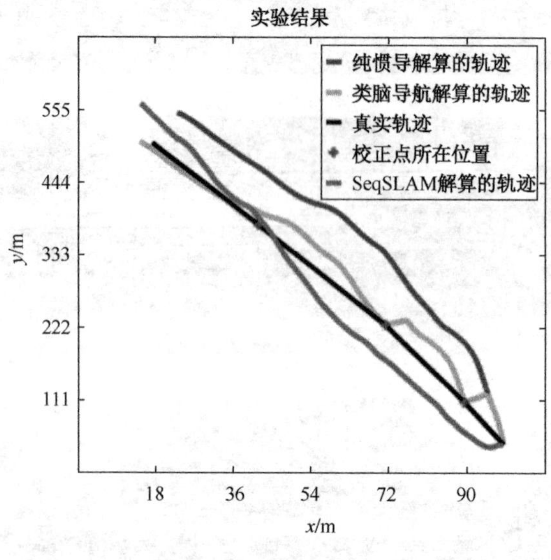

图 6-16　实验结果

第7章 总结与展望

7.1 惯性基导航智能信息处理技术总结

惯性基组合导航系统是目前导航领域十分活跃的研究分支之一，在民用车辆导航定位市场具有巨大的理论研究和应用价值。本书以惯性基导航智能信息处理技术为研究对象，主要进行了陀螺仪噪声处理、温度误差机理分析与建模补偿、非连续观测条件下的惯性基组合导航系统，以及惯性基类脑导航研究。综合研究的内容，本书在以下方面有所创新。

（1）分析了光纤陀螺仪静态噪声特性，介绍了噪声对光纤陀螺惯性导航系统的影响，引入了 Allan 方差对光纤陀螺噪声进行分析，提出了基于提升小波变换和 FLP 算法的 LWT-FLP 算法。验证结果表明，相比提升小波变换与 FLP 去噪，本书提出的 LWT-FLP 算法能够有效地去除光纤陀螺输出的噪声。目前分别应用小波分析方法和 FLP 算法对光纤陀螺输出信号进行处理均得到了广泛研究，本书将两者的优点结合在一起，首先利用提升小波变换对光纤陀螺输出信号进行分层处理，然后对各层信号进行 FLP 处理，最后提升小波重构，得到最终的去噪结果，具有一定的创新性。

（2）研究了角振动环境对光纤陀螺输出信号的影响，并提出了一种基于灰色理论和 FLP 算法的 G-FLP 算法。与传统的 FLP 算法相比，G-FLP 算法能够有效地去除光纤陀螺角振动噪声。FLP 算法是目前应用较广泛的光纤陀螺去噪方法，国际最早利用 FLP 算法对光纤陀螺信号进行处理的论文发表于 2001 年，FLP 算法的主要思想是把先前的信号乘以相应的权重来预测当前时刻的信号，大量研究已经证明该方法可以有效地去除光纤陀螺噪声。灰色理论通过对数据序列进行灰化处理，可以将无规律的数据序列变成有规律的序列，能够更好地提炼和挖掘有价值的信息。与静态光纤陀螺输出信号相比，角振动环境下的光纤陀螺输出具有一定的规律性，通过对光纤陀螺角振动输出进行灰化处理，能够使数据序列本身的规律更加明显，使得 FLP 算法能够对当前信号更好地进行预测，从而获得了比传统 FLP 算法更好地去噪结果。

（3）研究了温度对光纤陀螺的影响，温度及其变化率是引起光纤陀螺误差的主要环境因素之一，可通过建立数学模型的方式进行误差补偿。首先研究了温度对光纤陀螺标度因数的影响，建立了基于温度和输入角速率的光纤陀螺标度因数双曲线模型；然后进行了温度剧烈变化情况下的光纤陀螺数据采集试验，建立了基于外界温度变化速率光纤陀螺温度误差模型，仿真结果表明该模型能够有效地对温度剧烈变化造成的漂移误差进行快速补偿；最后提出了基于遗传算法的 Elman 神经网络模型，该模型的输入是前一时刻的光纤陀螺温度漂移和当前时刻的温度变化速率，输出是当前时刻的光纤陀螺温度漂移，仿真结果验证了该模型能够精确地对温度漂移进行补偿。

（4）进行了车载 MEMS-INS/GPS 导航定位实验，采集了 GPS 失锁时的 MEMS-INS 输出，设计了基于小波神经网络辅助强跟踪卡尔曼滤波的 STKF/WNN 组合导航方法。该导航方法能够在 GPS 信号可用时对 WNN 进行训练，以建立 MEMS-INS 定位误差模型。当 GPS 信号失锁时，便能利用所建立的模型对 MEMS-INS 误差进行补偿，以提高组合导航的适用性。利用采集的数据对算法进行验证，验证结果表明在卫星信号失锁条件下，通过 WNN 的辅助能够有效抑制 MEMS-INS 误差的积累。

此外，还提出了一种非连续观测条件下基于自学习容积卡尔曼滤波的 MEMS-INS/GPS 组合导航算法，将 MEMS-INS/GPS 组合导航系统运行阶段分成训练阶段和误差补偿阶段，训练阶段为 GPS 信号有效阶段，利用由两个循环滤波子系统构成的自学习卡尔曼滤波器，以 INS 与 GPS 的速度之差、位置之差为观测量，对 INS 的速度误差、位置误差进行最优估计，实现自学习功能；误差补偿阶段为 GPS 信号失锁阶段，此时卡尔曼滤波器已通过自学习具备了对观测量进行预测的功能，可充分信任 LSTM 网络的预测结果，实现 GPS 信号失锁，即非连续观测情况下的无缝导航，并对卡尔曼滤波器最优估计误差值进行补偿，提高了复杂环境下智能车辆导航定位精度。

（5）由于动物对环境有一定的认知能力，因此可以校正自身的导航误差。基于动物优异的导航行为，本书提出了一种类脑导航方法，以提高 MEMS 惯性导航系统（MEMS-INS）的精度和智能化程度。通过分析小鼠大脑导航的纠错机制，本方法采用视觉获取外部感知信息修正 INS 的位置累积误差。此外，为了提高视觉场景识别系统的位置匹配速度和精度，提出了一种将图像扫描线强度（SI）和基于网格的运动统计（GMS）相结合的位置识别算法（SI-GMS），SI-GMS 算法可以有效地降低不确定的环境因素（如行人和车辆）对识别结果的影响，解决了单独使用扫描线强度（SI）算法时匹配结果精度不高，或者单独使用基于网格的运动统计（GMS）算法时匹配速度较慢的问题。最后，进行了室外车载实验。通过与高精度基准信息进行比对，验证了本书所提出的惯性基类脑导航系统在载体导航定位中的有效性。

7.2 研究展望

本书针对惯性基导航智能信息处理的几项关键技术进行了深入研究，提出了一些新的研究思路和解决方法。虽然本书提出的方法和技术能够在一定程度上提高现有系统的性能，但是仍然有一些问题需进行进一步的深入研究。在本书研究工作基础上，对今后的研究工作提出了以下几点建议。

（1）本书提出的非连续观测条件下即 GPS 信号失锁时的 INS 误差补偿研究适用于室内导航与城市环境中的应用，但是在实际环境中，多路径误差也是主要的误差源之一，因此有必要对多路径误差的实时监测和补偿技术进行深入研究，从而进一步提高导航系统的精度与可靠性。

（2）本书仅对基于 INS/GPS 组合导航系统进行了研究，随着 GLONASS、Galileo 和北斗的发展，需要进一步研究多 GNSS 接收机（BD/GPS/GLONASS/Galileo）与 INS 的组合导航方法，这样系统的精度与可靠性将得到进一步提升。

（3）本书对基于动物大脑导航细胞的模型的惯性基类脑导航系统进行了研究，在后期工作中仍需进一步深入探索动物大脑细胞导航机理，凝练类脑导航模型，并在复杂环境下进行试验验证，以提高惯性基类脑导航的环境适应性。

参 考 文 献

[1] 杨晓光．论中国城市交通发展战略及其选择[J]．交通与运输，2012，28(4)：1-3.

[2] 陈旭梅，于雷，郭继孚，等．美国智能交通系统 ITS 的近期发展综述[J].中国公路，2003，23(2)：1-4.

[3] 宋维明．国外智能交通系统建设模式综述及其启示[J]．电子技术，2006，33(2)：19-22.

[4] Zhou Y, Evans Jr G H, Chowdhury M, et al. Wireless Communication Alternatives for Intelligent Transportation Systems: A Case Study. Journal of Intelligent Transportation Systems, 2011, 15(3): 147-160.

[5] Zhang X, Hao S, Rong W G, et al. Intelligent Transportation Systems for Smart Cities: a progress review. Science China: Information Science, 2012, 55(12): 2908-2914.

[6] 张腊梅．面向城市的智能交通管理系统[D]：[硕士学位论文]．武汉：武汉理工大学汽车工程学院，2006.

[7] 任洪涛．智能交通系统中 ATIS 的开发模式研究[J].交通运输系统工程与信息，2003，3(2)：18-22.

[8] 季常旭，杨楠，高歌．面向 ATMS 公用信息平台的数据预处理技术的研究[J].交通运输系统工程与信息，2005，5(3)：27-30.

[9] 富立，范耀祖. 车辆定位导航系统[M]. 北京：中国铁道出版社，2004.

[10] 王巍. 光纤陀螺惯性系统[M]. 北京：中国宇航出版社，2010.

[11] 高钟毓. 静电陀螺仪研究及应用现状与展望[C]. 见：惯性技术科技工作者研讨会论文集。宜昌，2003：1-7.

[12] 王野. 挠性陀螺惯性组合测试方法研究[D]：[硕士学位论文]. 哈尔滨：哈尔滨工业大学，控制科学与工程，2011.

[13] 吕志清. 半球谐振（HRG）陀螺研究现状及发展趋势[C]. 惯性技术科技工作者研讨会论文集. 宜昌，2003：103-105.

[14] 曾庆化、刘建业、赖际舟，等. 环形激光陀螺的最新发展[J]. 传感器技术，2004，23(11)：1-4.

[15] 周海波，刘建业，赖际舟，等.光纤陀螺仪的发展现状[J]. 传感器技术，2005，24(6)：1-3.

[16] 王巍，何胜. MEMS 惯性仪表技术发展趋势[J]. 导弹与航天运载技术，2009，(3)：23-28.

[17] 蔡春龙，刘翼，刘一薇. MEMS 仪表惯性组合导航系统发展现状与趋势[J]. 2009，17(5)：562-567.

[18] Vali V, Shorthill R W. Fiber Ring Interferometer [J]. Applied Optics, 1976, 15(5): 1099-1100.

[19] 翁炬，田赤军. 向高精度发展的干涉型光纤陀螺仪技术[J]. 中国惯性技术学报，2005，13(5)：92-96.

[20] 张旭林，周柯江. 谐振式光纤陀螺的系统分析[J]. 光电技术应用，2009，30(3)：464-468.

[21] 洪伟，李绪友，何周，等. 布里渊光纤环激光器的发展与应用[J]. 中国惯性

技术学报，2010，18(1)：115-119.

[22] 吴来顺. 环形 Fabry-Perot 谐振腔式光纤陀螺[J]. 飞航导航，1987，(S4): 43-47.

[23] 汪顺亭，邓政. 开环光纤陀螺仪特点及其应用[J]. 中国惯性技术学报，2006，14(4)：93-96.

[24] 张春熹，宋凝芳，杜新政，张惟叙. 基于 DSP 的全数字闭环光纤陀螺[J]. 1998，(S6)：1-8.

[25] 胡卫东. 光纤陀螺发展评述[J]. 红外技术，2001，23(5)：29-33.

[26] 于先文. 基于 GPS/SINS/TS 的地籍测量新技术关键算法研究[D]: [博士学位论文]. 南京：东南大学，2009.

[27] Willemenot E, Urgell A, Hardy G, et al. Very high performance FOF for space use [J]. Symposium Gyro Technology, 2002.

[28] 谭健荣，刘永智，黄琳. 光纤陀螺的发展现状[J]. 激光技术，2006.30(5): 544-547.

[29] Thierry G. From R&D brassboards to navigation grade FOG-Based INS: the experience of Photonetics/Ixsea [C]. In: Optical Fiber Sensors Conference Technical Digest (OFS2002).Portland: OFS, 2002.1-4.

[30] Tatsuya K, Wataru O. Optical fiber sensor application at Hitachi cable [C]. In: Optical Fiber Sensors Conference Technical Digest (OFS2002). Portland: OFS, 2002.35-38.

[31] 祝燕华. 光纤捷联航姿系统信号处理与姿态算法研究[D]：[博士学位论文].南京：南京航空航天大学，2008.

[32] 王寿荣，黄丽斌，杨波. 微惯性仪表与微系统[M]. 北京：兵器工业出版社，2011.

[33] Yazdi N，Ayazi F，Najafi K. Micromachined inertial sensors[J]. Proceedings of

the IEEE，1998，86(8)：1640–1659.

[34] Geen J A．Very low cost gyroscopes[C]．Proc．IEEE Sensors, 2005：537-540.

[35] 王寿荣. 微惯性仪表技术研究现状与进展[J]. 机械制造与自动化，2011，40(1)：6-12.

[36] Sung W T，Lee J Y，Lee J G and Kang T．Design and fabrication of an automatic mode controlled vibratory gyroscope [C]．Proc．IEEE MEMS，2006．674-677.

[37] Sung W T，Sung S，Lee J G and Kang T. Design and performance test of a MEMS vibratory gyroscope with a novel AGC force rebalance control[J]．Journal of Micromechanics and Microengineering，2007，17(3)：1939-1948.

[38] Chang B S，Sung W T，Lee J G，et al．Automatic mode matching control loop design and its application to the mode matched MEMS gyroscope [C]．IEEE International Conference on Vehicular Electronics and Safety，2007．1-6.

[39] Sung S，Sung W T，Kim C，et al. On the mode-matched control of mems vibratory gyroscope via phase-domain analysis and design[J]．IEEE/ASME Transactions on Mechatronics，2009，14(4)：446-455.

[40] Gomez U M, Kuhlmann B, Classen J, et al．New surface micromachined angular rate sensor for vehicle stabilizing systems in automotive applications[C]．The 13th International Conference on Solid-State Sensors, Actuators and Microsystems, 2005．184-187.

[41] Neul R, Gómez U, Kehr K, et al．Micromachined gyros for automotive applications[C]．Proceedings of the Fourth IEEE Conference on Sensors, 2005：527-530.

[42] Acar C, Schofield A R, Trusov A A, et al. Environmentally robust MEMS vibratory gyroscopes for automotive applications[J]. IEEE Sensors Journal, 2009, 9(12): 1895–1906.

[43] Trusov A A. Investigation of factors affecting bias stability and scale factor drifts in Coriolis vibratory MEMS gyroscopes[D]. University of California, Irvine, 2009.

[44] Trusov A A, Schofield A R, Shkel A M. Performance characterization of a new temperature-robust gain-bandwidth improved MEMS gyroscope operated in air[J]. Sensors and Actuators A：Physical, 2009, 155: 16-22.

[45] Painter C C, Shkel A M. Active structural error suppression in MEMS vibratory rate integrating gyroscopes[J]. IEEE Sensors Journal, 2003, 3(5): 595–606.

[46] Hou Z, Xiao D, Wu X. Effect of axial force on the performance of micromachined vibratory rate gyroscopes[J]. Sensor, 2011, 11: 296-309.

[47] Su J, Xiao D, Chen Z, et al. Improvement of bias stability for a micromachined gyroscope based on dynamic electrical balancing of coupling stiffness[J]. J. Micro/Nanolith. MEMS MOEMS, 2013, 12(3): 033008.

[48]贾方秀，裘安萍，施芹，等. 硅微振动陀螺仪设计与性能测试[J]. 光学 精密工程，2013，21(5)：1272-1281.

[49]王晓雷. 硅微陀螺仪闭环检测与正交校正技术研究与试验[D]：[博士学位论文]. 南京：东南大学，2014.

[50] 秦永元. 惯性导航[M]. 北京：科学出版社，2006，3-152.

[51] 全伟，刘百奇，宫晓琳，等. 惯性/天文/卫星组合导航技术[M]. 北京：国防工业出版社，2011，2-121.

[52] Zhong Y M, Gao S S, Li W. A quaternion-based method for SINS/SAR integrated navigation system [J]. IEEE Transactions on Aerospace and Electronic System, 2012, 48(1): 514-524.

[53] 王宇. 基于 FIMU 的稳瞄/惯导一体化技术研究与实现[D]: [博士学位论文]. 南京：东南大学，仪器科学与工程学院，2008.

[54] 陈曙光. 捷联惯性导航系统的仿真研究[D]：[硕士学位论文]. 南京：南京理工大学，2009.

[55] 刘柱. 捷联导航算法的研究与实现[D]：[硕士学位论文]. 哈尔滨：哈尔滨工程大学，2007.

[56] 许常燕. 光纤陀螺仪的随机漂移建模补偿及其应用研究[D]：[硕士学位论文]. 南京：东南大学仪器科学与工程学院，2008.

[57] 张代兵. 一种基于 Allan 方差方法的激光陀螺性能评价方法[J]. 仪器仪表学报，2005，25(4):715-717.

[58] Howe D A, Allan D W, Barnes J A. Properties of signal sources and measurement methods [J]. In: Thirty Fifth Annual Frequency Control Symposium.1981,669-716.

[59] 史凤丽. 基于集群计算机的图像并行处理[D].西安：西安科技大学，2010.

[60] Mondal D, Percival D B. Wavelet variance analysis for random fields on a regular lattice [J]. IEEE Transaction on Image Processing, 2012, 21(2): 537-549.

[61] Li X Y, Zhang N, Wang G. Application of wavelet analysis in testing of dynamic characteristics of fiber optic gyroscope [J]. In: International Conference on Mechatronics and Automation. ICMA 2009. 2208-2213.

[62] Hegde G, Vaya P. A parallel 3-D discrete wavelet transform architecture using pipelined lifting scheme approach for video coding [J]. International Journal of

Electronics, 2013, 100(10): 1429-1440.

[63] Li B, Zhang PL, Mao Q, et al. Gear fault detection using adaptive morphological gradient lifting wavelet [J]. Journal of Vibration and Control, 2013, 19(11): 1646-1657.

[64] Li HQ, Wang XF. Detection of electrocardiogram characteristic points using lifting wavelet transform and Hilbert transform [J]. Transactions of the Institute of Measurement and Control, 2013, 35(5): 574-582.

[65] 申冲，陈熙源．基于小波包变换与前向线性预测滤波的光纤陀螺去噪算法[J]. 东南大学学报，2011，41(5)：978-981.

[66] 陈熙源，许常燕．基于前向线性预测算法的光纤陀螺零漂的神经网络建模[J]. 中国惯性技术学报，2007，15(3)：334-337.

[67] 吉训生，王寿荣．硅微陀螺信号处理方法——基于前向线性预测小波变换方法[J].高技术通信，2008，18(2)：151-155.

[68] 沈磊，姚善化．改进变步长 LMS 算法及在自适应噪声抵消中的应用[J].噪声与振动控制，2010，30(5)：60-63.

[69] 叶晨．风电组合功率研究[D]：[硕士学位论文]．北京：华北电力大学电气与电子工程学院，2011.

[70] 李俊峰．灰色系统理论及其在铁谱磨粒图像处理中的应用研究[D]：[博士学位论文]．上海：东华大学，2009.

[71] Deng J L. Stress equilibrium principles in grey modeling[J]. Journal of Grey System, 2007, 19(3): 202-202.

[72] Deng J L. Nucleus less-data series grey modeling[J]. Journal of Grey System, 2012, 24(1): 1-6.

[73] Deng J L. To analyze the connotation and extension (C&E) of grey theory[J]. Journal of Grey System, 2012, 24(4): 293-298.

[74] 樊春玲，张静，金志华，等. 一种新型的灰色 RBF 神经网络建模方法及其应用[J].系统工程与电子技术，2005，27(2)：316-319.

[75] 吴志周，范宇杰，马万经. 基于灰色神经网络的点速度预测模型[J]. 西南交通大学学报，2012，47(2)：285-290.

[76] Xu G P, Tian W F, Qian L, et al. A novel conflict reassignment method based on grey relational analysis (GRA)[J]. Pattern Recognition Letters, 28(15): 2080-2087.

[77] Shen C, Chen X Y. Improved forward linear prediction algorithm based on AGO for Fiber Optic Gyroscope [J]. Journal of Grey System, 2012, 24(3): 251-260.

[78] Kurbatov AM, Kurbatov RA. Temperature characteristics of fiber-optic gyroscope sensing coils[J].Journal of Communications Technology and Electronics, 2013, 58(7): 745-752.

[79] Zhang Y S, Wang Y Y, Yang T, et al. Dynamic angular velocity modeling and error compensation for one-fiber fiber optic gyroscope (OFFOG) in the whole temperature range[J]. Measurement Science & Technology, 2012, 23(2): 1-6.

[80] Du S S, Guan Y M, Jin J, et al. Finite element model of thermal transient effect for crossover-free fiber optic gyros[J]. OPTIK, 2012, 123(8): 748-751.

[81] Lofts CM, Ruffin PB, Parker M, et al. Investigation of the effects of temporal thermal-gradients in fiber optic gyroscope sensing coils[J]. Optical Engineering, 1995, 34(10): 2856-2863.

[82] 钟珞，饶文碧，邹承明. 人工神经网络及其融合应用技术[M]. 北京：科学出版社，2007：1-5.

[83] Lin CH. Recurrent modified Elman neural network control of PM synchronous generator system using wind turbine emulator of PM synchronous servo motor drive[J]. International Journal of Electrical Power & Energy System, 2013, 52: 143-160.

[84] Ding S F, Zhang Y A, Chen J R, et al. Research on using genetic algorithm to optimize Elman neural networks[J]. Neural Computing & Applications, 2013, 23(2): 293-297.

[85] Aladag C H, Kayabasi A, Gokceoglu C. Estimation of pressuremeter modulus and limit pressure of clayey soils by various artificial neural network models[J]. Neural Computing & Applications, 2013, 23(2): 333-339.

[86] 张德丰.MATLAB 神经网络应用设计[M].北京：机械工业出版社，2009,191-197.

[87] Shojaeefard M H, Talebitooti R, Satri S Y, et al. Investigation on natural frequency of an optimized elliptical container using real-coded genetic algorithm[J]. Latin American Journal of Solids and Structures, 2014, 11(1): 113-129.

[88] 姜攀. 基于神经网络的风电机组控制系统故障诊断研究[D]：[硕士学位论文]. 北京：华北电力大学，控制理论与控制工程，2010.

[89] Hamblin S. On the practical usage of genetic algorithm in ecology and evolution[J]. Methods in Ecology and Evolution, 2013, 4(2): 184-194.

[90] Renner G, Ekart A. Genetic algorithm in computer aided design [J]. Computer-Aided Design, 2003, 35(8): 709-726.

[91] Chen C, Xia J H, Liu J P, et al. Nonlinear inversion of potential-field data using a hybrid-encoding genetic algorithm[J]. Computers & Geosciences, 2006, 32(2): 230-239.

[92] 王尔亦，于涵诚．遗传算法在自动控制领域中的应用综述[J]．科技资讯，2013，(17)：75-77.

[93] 徐波．基于遗传算法和神经网络的彩色图像感兴趣区域分类关键技术的研究[D]：[硕士学位论文]．镇江：江苏大学，模式识别与智能系统，2009.

[94] 李增，迟道才，于淼．基于遗传算法的改进 Elman 神经网络模型的降雨量预测[J]．沈阳农业大学学报，2010,41(1)：69-72.

[95] 张秋余，朱学明．基于 GA-Elman 神经网络的交通流短时预测方法[J]．兰州理工大学学报，2013,39(3)：94-98.

[96] Ding S F, Zhang Y A, Chen J R, et al. Research on using genetic algorithms to optimize Elman neural network[J]. Neural Computing & Application, 2013, 23(2): 293-297.

[97] Y. Kim, J. An, J. Lee. Robust Navigational System for a Transporter Using GPS/INS Fusion[J]. IEEE Transactions on Industrial Electronics, 2018, 65(4): 3346-3354.

[98] A. Khalajmehrabadi, N. Gatsis, D. Akopian, et al. Real-Time Rejection and Mitigation of Time Synchronization Attacks on the Global Positioning System[J]. IEEE Transactions on Industrial Electronics, 2018, 65(8): 6425-6435.

[99] C. Shen, J. T. Yang, J. Tang, et al. Note: Parallel processing algorithm of temperature and noise error for micro-electro-mechanical system gyroscope based on variational mode decomposition and augmented nonlinear differentiator[J]. Review of Science Instruments, 2018, 89(7): 76-107.

[100] B. Wang, Z. H. Deng, C. Liu, et al. Estimation of Information Sharing Error by Dynamic Deformation between Inertial Navigation System[J]. IEEE Transactions

on Industrial Electronics, 2014, 61(4): 2015-2023.

[101] Q. M. Xu, X. Li, CY. Chan. Enhancing Localization Accuracy of MEMS-INS/GPS/In-Vehicle Sensors Integration During GPS Outages[J]. IEEE Transactions on Instrumentation and Measurement, 2018, 67(8): 1966-1978.

[102] H. J. Shao, L. J. Miao, W. X. Gao , et al. Ensemble Particle Filter Based on KLD and Its Application to Initial Alignment of the SINS in Large Misalignment Angles[J]. IEEE Transactions on Industrial Electronics 2018, 65(11):8946-8955.

[103] W. Ye, J. L. Li, J. C. Fang, et al. EGP-CDKF for Performance Improvement of the SINS/GNSS Integrated System[J]. IEEE Transactions on Industrial Electronics, 2018, 65(4): 3601-3609.

[104] Y. Y. Wang, X. X. Yang, H. C. Yan. Reliable Fuzzy Tracking Control of Near-Space Hypersonic Vehicle Using Aperiodic Measurement Information[J]. IEEE Transactions on Industrial Electronics, in press.

[105] L. M. Wang, Y. Shen, Q. Yin, et al. Adaptive synchronization of memristor-based neural networks with time-varying delays[J]. IEEE Transactions on Neural Networks and Learning Systems, 2015, 26(9): 2033-2042.

[106] Y. L. Wang, H. Shen, D. P. Duan. On Stabilization of Quantized Sampled-Data Neural-Network-Based Control Systems[J]. IEEE Transactions on Cybernetics, 2017, 47(10): 3124-3135.

[107] Y. Zhang, C. shen, J. Tang, et al. Hybrid Algorithm Based on MDF-CKF and RF for GPS/INS System During GPS Outages[J]. IEEE Access, 2018, 6: 35343-35354.

[108] Q. Zhou, P. Shi, H. H. Liu, et al. Neural-network-based decentralized adaptive output-feedback control for large-scale stochastic nonlinear systems[J]. IEEE Transactions on Systems Man Cybernetics-Systems, 2012, 42(6):1608-1619.

[109] S. Adusumilli, D. Bhatt, H. Wang, et al. A low-cost INS/GPS integration methodology based on random forest regression[J]. Expert Systems with Applications, 2013, 40(11): 4653-4659.

[110] L. Z. T. Chen, J. C. Fang. A hybrid prediction method for bridging GPS outages in high-precision pos application[J]. IEEE Transactions on Instrumentation and Measurement, 2014,63(6):1656-1665.

[111] E. S. Abdolkarimi, G. Abaei, M. R. Mosavi. A wavelet-extreme learning machine for low-cost INS/GPS navigation system in high-speed applications[J]. GPS Solutions, 2018.

[112] G. G. Hu, W. Wang, Y. M. Zhong, et al. A new direct filtering approach to INS/GNSS integration[J]. Aerospace Science and Technology, 2018, 77: 755-764.

[113] X. Y. Chen, C. Shen, W. B. Zhang, et al. Novel hybrid of strong tracking Kalman filter and wavelet neural network for GPS/INS during GPS outages[J]. Measurement, 2013, 46(10): 3847-3854.

[114] C. Shen, R. Song, J. Li, et al. Temperature drift modeling of MEMS gyroscope based on genetic-Elman neural network[J]. Mechanical Systems and Signal Processing, 2016, 72: 897-905.

[115] 徐晓敏. 基于非线性滤波的 SINS/GPS 组合对准技术研究[D]. 哈尔滨工程大学，2018.

[116] S. Cheng, L. Liang. Fusion Algorithm Design Based on Adaptive SCKF and Integral Correction for Side-Slip Angle Observation[J]. IEEE Transactions on Industrial Electronics, 2018, 65(7): 5754-5763.

[117] H. Coskun, F. Achilles. Long Short-Term Memory Kalman filters: Recurrent Neural Estimators for Pose Regularization[C] IEEE International Conference on Computer Vision, 2017: 5525-5533.

[118] 刘姝雯. 基于深度神经网络的中文文本蕴含识别研究与实现[D]. 北京邮电大学，2018.

[119] J. Li, N. F. Song, G. L. Yang, et al. Improving positioning accuracy of vehicular navigation system during GPS outages utilizing ensemble learning algorithm[J]. Information Fusion, 2017, 35: 1-10.

[120] X. Li, Q. M. Xu. A Reliable Fusion Positioning Strategy for Land Vehicles in GPS-Denied Environments Based on Low-Cost Sensors[J]. IEEE Transactions on Industrial Electronics, 2017, 64(4): 3205-3215.

[121] Zhao Lin, Wu Mouyan, Ding Jicheng, et al. A Joint Dual-Frequency GNSS/SINS Deep-Coupled Navigation System for Polar Navigation[J]. APPLIED SCIENCES-BASEL, 2018, 80 (11).

[122] Zhang Chuang. Guo Chen. Zhang Daheng. Data Fusion Based on Adaptive Interacting Multiple Model for GPS/INS Integrated Navigation System[J]. APPLIED SCIENCES-BASEL, 2018, 8(9).

[123] Cao Huiliang, Li Hongsheng, Shao Xingling et al. Sensing mode coupling analysis for dual-mass MEMS gyroscope and bandwidth expansion within

wide-temperature range[J]. Mechanical Systems and Signal Processing, 2018, 98: 448-464.

[124] Shen Chong, Yang Jiangtao, Tang Jun, et al. Note: Parallel processing algorithm of temperature and noise error for micro-electro-mechanical system gyroscope based on variational mode decomposition and augmented nonlinear differentiator [J]. Review of Scientific Instruments, 2018, 89: 1-3.

[125] Li Zengke, Wang Ren, Gao Jingxiang, et al. An Approach to Improve the Positioning Performance of GPS/INS/UWB Integrated System with Two-Step Filter[J]. Remote Sensing, 2018, 10: 1-12.

[126] Jiang San, Jiang Wanshou. On-Board GNSS/IMU Assisted Feature Extraction and Matching for Oblique UAV Images[J]. Remote Sensing, 2017, 9:1-9.

[127] Valiente David, Gil Arturo, Paya Luis, et al. Robust Visual Localization with Dynamic Uncertainty Management in Omnidirectional SLAM[J]. APPLIED SCIENCES-BASEL, 2017, 7 (12).

[128] Wei Wenhui, Gao Zhaohui, Gao Sheshen, et al. A SINS/SRS/GNS Autonomous Integrated Navigation System Based on Spectral Redshift Velocity Measurements [J]. Sensors, 2018, 18: 1-13.

[129] Zhao Huijie, Xu Wujian, Zhang Ying, et al. Polarization patterns under different sky conditions and a navigation method based on the symmetry of the AOP map of skylight[J]. Optics Express, 2018, 26: 28589-28603.

[130] A Nemra, N Aouf. Robust INS/GPS Sensor Fusion for UAV Localization Using SDRE Nonlinear Filtering[J]. IEEE Sensors Journal, 2010, 10(4): 789 – 798.

[131] Xu Qimin, Li Xu, Chan Ching Yao. A Cost-Effective Vehicle Localization Solution Using an Interacting Multiple Model-Unscented Kalman Filters (IMM-UKF) Algorithm and Grey Neural Network[J]. Sensors, 2017,17(6).

[132] Shen Chong, Song Rui, Li Jie, et al. Temperature drift modeling of MEMS gyroscope based on genetic-Elman neural network. Mechanical System and Signal Processing, 2016, 72-: 897-905.

[133] Song Chunlin, Wang Xiaogang, Cui Naigang. Mixed-Degree Cubature H-infinity Information Filter-Based Visual-Inertial Odometry[J]. APPLIED SCIENCES-BASEL, 2019, 9 (1).

[134] Diba K, Buzsáki G. Forward and reverse hippocampal place-cell sequences during ripples[J]. Nature Neuroscience, 2007, 10(10): 1241-1242.

[135] Michael-John, Milford. Robot navigation from nature simultaneous localization, mapping, and path planning based on Hippocampal models [M]. National Defense Industry Press, 2007: 36-41.

[136] Zhang K. Representation of spatial orientation by the intrinsic dynamics of the head-direction cell ensemble：a theory[J]. Journal of Neuroscience: the Official Journal of the Society for Neuroscience, 2010, 16(6): 2112-2126.

[137] Burgess N, Barry C, O'Keefe J. An oscillatory interference model of grid cell firing[J]. Hippocampus, 2007, 17(9), 801-812.

[138] Kropff E, Carmichael J E, Moser M B. Speed cells in the medial entorhinal cortex[J]. Nature, 2015, 523(7561): 419.

[139] Milford, Michael. Vision-based place recognition: how low can you go[J]. International Journal of Robotics Research, 2013, 32: 766-789.

[140] Yan Kuo, Han Min. Aerial image stitching algorithm based on improved GMS[J]. Eighth International Conference on Information Science and Technology (ICIST), 2018, 1-6.

[141] 曹娟娟，房建成，盛蔚，等．GPS 失锁时基于神经网络预测的 MEMS-SINS 误差反馈校正方法研究[J]．宇航学报，2009，30(6)：2231-2236.

责任编辑：刘志红
封面设计：彩丰文化

ISBN 978-7-121-37276-6
9 787121 372766
定价：98.00元